Sitzungsberichte

der

mathematisch-naturwissenschaftlichen Abteilung

der

Bayerischen Akademie der Wissenschaften

zu München

Jahrgang 1925

München 1925
Verlag der Bayerischen Akademie der Wissenschaften
in Kommission des G. Franz'schen Verlags (J. Roth)

Akademische Buchdruckerei F. Straub in München

Inhaltsübersicht.

Sitzung am 4. Juli

Herr O. Hönigschmid trägt vor:

Über das Atomgewicht des von Miethe und Stammreich aus Quecksilber erhaltenen Goldes.

Dem Vortragenden war von Geheimrat Miethe eine Probe des von ihm aus Quecksilber erhaltenen Goldes im Gewichte von 90 mg zum Zwecke der Bestimmung des Atomgewichtes zur Verfügung gestellt worden. Da diese Menge für eine Absolutbestimmung nicht ausreichte, begnügte er sich mit einer Vergleichsbestimmung, wobei gleiche Mengen von gewöhnlichem und synthetischem Gold nach einer von Zintl und Rauch in seinem Laboratorium ausgearbeiteten potentiometrischen Titrationsmethode mit Hilfe von Titantrichlorid als Maßlösung bestimmt wurden. Die Analysen, welche gemeinsam mit Zintl ausgeführt wurden, ergaben für das „synthetische" Gold das Atomgewicht 197.2 ± 0.2, wenn für aurum commune der Wert Au = 197,2 angenommen wird.

Sitzung am 7. November

1. Herr F. Broili legt für die Sitzungsberichte eine Arbeit vor:

Beobachtungen an der Gattung Homoeosaurus.

Auf Grund reichen Materials — es liegen die Reste von 14 Individuen aus dem fränkischen Jura vor — können verschiedene neue Beobachtungen im Vergleiche mit der in der Gegenwart auf Neuseeland lebenden Gattung Hatteria gemacht werden. Homoeosaurus war ebenso wie diese Form auf Grund seiner Organisation ein Festlandbewohner. Dies findet auch an der Hand des geologischen Befundes seine Bestätigung, denn bei den drei einzigen Örtlichkeiten in Europa, in denen Homoeosaurus sich findet: Franken, Ahlem bei Hannover, und Cerin an der Rhône

s. v. Lyon lag das entsprechende Festland: böhmische Masse bzw.
Vindelicische Insel, niedersächsisches Ufer und französisches Zentralplateau in nächster Nähe. Die Lebensweise von Homoeosaurus
war eine ähnliche wie die der im Wasser gerne ihre Beute
suchenden Hatteria.

2. Herr W. Wien legt vor eine Arbeit von A. Glaser:

Über die beim Magnetismus der Gase beobachtete Anomalie.

In einer früher der Akademie vorgelegten Arbeit war mitgeteilt, daß die Gase Wasserstoff, Stickstoff und Kohlensäure eine
merkwürdige magnetische Anomalie zeigen, indem bei niedrigen
Drucken das Gasmolekül eine etwa dreimal so große magnetische
Konstante hat als bei hohen Drucken. Bei der weiteren Fortsetzung der Untersuchung ergab sich dasselbe Verhalten beim
Kohlenoxyd, während sich der paramagnetische Sauerstoff normal
verhält. Die Anomalie scheint daher auf die diamagnetischen
Gase beschränkt zu sein und der Druck, bei dem sie auftritt,
scheint, so weit die noch unvollständigen Beobachtungen erkennen
lassen, von der Feldstärke, dem Trägheitsmoment und der Elektronenzahl der Moleküle abzuhängen.

(Erscheint in den Sitzungsberichten.)

3. Herr R. Willstätter trägt eine gemeinsam mit E. Kraut
und K. Lobinger ausgeführte Untersuchung

Über Kieselsäure

vor, worin die Bildung und das Verhalten einfacher, molar gelöster, leicht dialysierbarer und in geringem Maße flüchtiger
Kieselsäure behandelt wird.

4. Herr C. Carathéodory legt vor eine Abhandlung des Herrn
H. Reichenbach:

Kausalstruktur der Welt und der Unterschied von Vergangenheit und Zukunft.

(Erscheint in den Sitzungsberichten.)

Sitzung am 5. Dezember

Herr R. WILLSTÄTTER trägt vor:

1. Gemeinsam mit CH. D. LOWRY und E. BAMANN ausgeführte Untersuchungen

Über direkte Vergärung zusammengesetzter Zucker.

Für das Beispiel der Saccharose wird es wahrscheinlich gemacht und für die Maltose bewiesen, daß die Hefe die Biosen ohne vorangehende Hydrolyse zu vergären vermag.

2. Eine gemeinsam mit E. BAMANN ausgeführte Arbeit

Über Trennung von Carbohydrasen durch Adsorptionsmethoden.

Die auf Saccharose und Maltose wirkenden Enzyme lassen sich voneinander trennen durch auswählende Adsorption mit bestimmten Hydrogelen der Tonerde oder durch fraktionierte Elution mit Hilfe von Phosphaten verschiedener Acidität aus den Gesamtadsorbaten.

Beobachtungen an der Gattung Homoeosaurus H. v. Meyer.

Von **F. Broili.**

Mit 9 Tafeln und 1 Textfigur.

Vorgelegt in der Sitzung am 7. November 1925.

Ein neuer Fund von Homoeosaurus (brevipes Zittel non H. v. Meyer).

Tafel 1 und 2.

Durch Vermittlung des Herrn Kollegen Prof. Dr. E. Dacqué gelangte vor einiger Zeit in den Besitz der Staatssammlung für Paläontologie und historische Geologie in München ein durch sehr gute Erhaltung ausgezeichnetes Exemplar eines Homoeosaurus, der in den lithographischen Schiefern des oberen Malm in Kapfelberg bei Abbach an der Donau gefunden worden war (1922 I. 15. Münchener Sammlung).

Das Skelett, welches seine Bauchseite dem Beschauer darbietet, ist nicht vollständig; der hintere Teil mit dem rechten Unterschenkel nebst dem Fuße sowie der linke Fuß und der größte Teil der Schwanzwirbelsäule, welche Reste offenbar auf der sich anschließenden Platte noch vorhanden waren, ist leider wahrscheinlich von dem betreffenden Finder nicht beachtet worden und vermutlich verloren gegangen.

Die Skeletteile behaupten noch ihren ursprünglichen Zusammenhang; die Wirbelsäule beschreibt einen für den Beschauer nach links geöffneten Bogen, die Extremitäten hängen schlaff am Rumpf und beweisen dadurch, daß das Tier schon tot in den Schlamm eingebettet wurde. Die Einbettung muß allerdings sehr bald nach dem Tode des Tieres, noch ehe dasselbe in Fäulnis übergegangen war, und rasch erfolgt sein, da, wie schon gesagt, die einzelnen Elemente des Skeletts in der Hauptsache in ihrer einstigen gegenseitigen Verbindung vorliegen. Der Gebirgsdruck äußert sich besonders in zahlreichen Rissen und Sprüngen und

kleineren Verschiebungen am Schädel. Diesem fehlt der linke
Unterkiefer; er dürfte mit Knochenfragmenten der hinteren Schädel-
partie der Gegenplatte anhaften geblieben sein, die wahrscheinlich auch vom Finder keine Beachtung fand.

Die dem Skelett noch anhaftenden Gesteinsteile wurden von
mir mit der Nadel unter der Binocular-Lupe entfernt.

Die vorhandene Länge des Skeletts mißt 0,131 m, wovon
0,028 m auf den Schädel treffen, welcher, um den treffenden
Vergleich H. v. Meyers zu gebrauchen, einen birnförmigen Umriß
besitzt; die größte Schädelbreite beträgt 0,018 m, während
er an der Schnauzenspitze über den Prämaxillarzähnen nur
0,005 m mißt.

Der rechte Unterkiefer befindet sich noch in Verbindung
mit dem Cranium in schräger, gegen die Schädelunterseite geneigter Stellung, sein proximaler Teil ist unvollständig, der in-
takte distale größere Abschnitt gehört dem Dentale an, welches
wie bei Hatteria einen ansehnlichen zum Complementare auf-
steigenden Fortsatz aufzuweisen hat. Das gut erhaltene Kiefer-
vorderende zeigt deutlich, daß mit dem anderen Unterkieferast
in der Symphyse nur eine ligamentöse Verbindung bestand.

Wenn wir bei der Besprechung des Craniums von rückwärts beginnen, so fällt vor allem das den Hauptteil des Condylus bildende Basioccipitale auf. Es ist ein kurzer stämmiger
Knochen, eine sichere Grenze gegen das Basisphenoid vermag
ich aber nicht anzugeben, da Längs- und Quersprünge das Bild
undeutlich machen, vermutlich ist sie aber hinter den tubera des
Basisphenoid verlaufen, welche etwas niedergedrückt sind. Außerdem ist das Basioccipitale mit dem Basisphenoid derart aus der
Mittelaxe verschoben worden, daß der Parasphenoidfortsatz
des letzteren abgesprengt wurde und geknickt in die Interptery-
goidspalte hineinragt. Die letztere erstreckt sich verhältnismäßig
nur wenig weit nach vorne, da die beiden durch hellere Farbe
auffallenden vorderen Flügel der Pterygoidea sich sehr bald
aneinanderlegen, um unter allmählicher Verschmälerung gegen
die Mittellinie auszulaufen. Während der übrige Teil der rechten
Schädelhälfte von da ab durch den Unterkieferast verhüllt wird,
zeigt die linke ganz ausgezeichnet das Palatin, welches sich im
Gegensatz zu dem sich verschmälernden Flügel des Pterygoids,

ziemlich rasch nach vorne zu verbreitert und so bald den Anschluß an das Maxillare erreicht. Zwischen diesen beiden Knochen
erstreckt sich eine tiefe Rinne, in der dreiseitige grubige Ver-
tiefungen sichtbar werden, welche auf die Zähne des ursprünglich sehr fest angepreßten (jetzt nicht mehr erhaltenen) Ober-
kiefers zurückzuführen sind. Die Knochen scheinen demnach in
dem von Wasser durchtränkten Schlamm so weich geworden zu
sein, daß die härteren Zähne unter dem Druck der auf dem
Skelett lastenden nachfolgenden Sedimente diese Eindrücke her-
vorrufen konnten. Das Palatin endet vorn mit einem konkaven
gerundeten Rand, die vor demselben liegende Partie liegt deutlich tiefer. In dem vordern Teil dieser Depression wird eine
flache, gegen das kleine, die Schnauzenspitze einnehmende Prämaxillare lanzenförmig zulaufende Knochenschuppe sichtbar,
welche wahrscheinlich den Vomer repräsentiert, der hintere Teil
der Depression, welche von dem Vomer, dem Maxillare und dem
Palatin umrahmt wird, dürfte vielleicht die Choane sein.

Wenn wir uns nun nochmal dem Pterygoid zuwenden, können
wir wahrnehmen, wie kurz vor der Abzweigung des nach hinten
streichenden Pterygoidastes ein Transversum als relativ breite
Brücke zum Maxillare zieht; auf der linken Seite ist die Verschmelzung beider Knochen deutlich wahrnehmbar, rechts wird
sie vom Unterkiefer überdeckt. Knochennähte lassen sich nicht
feststellen, die beiden Transversa sind indessen durch die dunklere
Färbung vor dem heller getönten vorderen Flügel der Pterygoidea
kenntlich gemacht; die gleiche dunkle Farbe ist auch den beiden
hinteren Flügeln der Pterygoidea eigentümlich, welche nach
hinten und auswärts gerichtet sind und die beide — es ist
dies besonders gut am linken hinteren Flügel zu sehen — auf
ihrer Innenseite einen deutlichen Einschnitt, der zur Aufnahme
des nach vorne gerichteten Astes des festen Quadratum bestimmt
war, erkennen lassen. Links sind nur ganz unbedeutende Frag-
mente des Quadratums innerhalb des Einschnittes erhalten und
von der schräg nach außen gewendeten Gelenkfläche an der linken
Außenecke des Schädels liegt lediglich der innere wulstig hervortretende Teil vor; auf der rechten Seite füllen die allerdings
stark zertrümmerten Teile des Quadratums den erwähnten Einschnitt im Pterygoid völlig aus und sind die Grenzen gegen das-

selbe durch das eingedrungene hellere Gesteinsmaterial kenntlich
gemacht, die weitere Beobachtung nach rückwärts wird durch
den überliegenden Unterkieferast zunächst unmöglich gemacht,
erst an der rechten hinteren Außenecke des Craniums, wo das
proximale Unterkieferende zum größten Teil weggebrochen ist,
wird als grubige Vertiefung, in der noch Reste des Articulare
sich befinden, der äußere Teil der Gelenkfläche des Quadratums
sichtbar; ein seitlich außerhalb derselben heraustretender Fortsatz
desselben zeigt in einer konkaven Senke die Anlagerungsfläche
eines nicht mehr erhaltenen Elements, wohl des Quadratojugale,
auf. Vor dem verbrochenen Hinterende des Unterkiefers liegt die
schmale Spange des Jugale, welche sich von außen dem Maxillare auflegt.

Rückwärts unterhalb des Quadratums und des Hinterendes
des Unterkiefers kommt der schön geschwungene Bogen des
Squamosum, welcher die hintere Begrenzung des oberen Schläfen-
bogens bildet, zum Vorschein, die übrigen Knochenreste auf dieser
rechten Seite des Hinterhauptes sind zu fragmentarisch, um darüber etwas Näheres aussagen zu können. Auf der linken Hälfte
zeigt sich seitlich vom Basioccipitale das Exoccipitale late-
rale, dessen Hinterende sehr gut eine Gelenkfläche im engen Anschluß an jene des Basioccipitale für den Atlas aufweist. Die
Beteiligung des Exoccipitale an der Bildung des Hinterhaupts-
condylus scheint demnach hier relativ etwas größer zu sein als
bei Hatteria. Daneben legt sich mit breitem Schaft das Opisthoticum (Paroccipitale) an, dessen seitlicher Fortsatz sich bald
verschwächt, an seiner Grenze gegen das Exoccipitale ist eine
größere, in seinem proximalen Teil eine kleinere Gefäßöffnung
wahrzunehmen. Ein oberhalb des seitlichen Fortsatzes des Opi-
sthoticums gelegenes, zylindrisches, durch seine dunkel bernstein-
ähnliche Farbe leicht auffindbares Stückchen eines im Abdruck
erhaltenen und sich über den hinteren Flügel des linken Pterygoids legenden stabförmigen Knöchelchens bin ich geneigt, auf
den Stapes zurückzuführen.

Die Bezahnung zeichnet sich an unserem Schädel durch
eine für die Homoeosaurusfunde des fränkischen Jura bisher un-
erreicht gute Erhaltung aus. Die Zähne selbst sind wie die von
Hatteria typisch akrodont und besitzen wie die übrigen Teile des

Skeletts eine dunkelbraune bis schwärzliche Farbe, unterscheiden sich aber von diesen durch den Glanz ihres Schmelzüberzuges. Der Vorderrand eines jeden Prämaxillare wird, wie dies an dem rechten Prämaxillare gut zu sehen ist, von einem meisselartigen Zahn eingenommen, welcher in der Mitte zwar noch eine leichte Einsenkung zeigt, im übrigen aber, wie Günther[1]) dies bei seiner Beschreibung des Gebisses von Sphenodon so treffend gesagt hat, ganz das Aussehen des oberen Incisoren eines Rodentiers besitzt.

Die hinteren Maxillarzähne stehen schräg zur Kieferaxe, sind im allgemeinen dreiseitig und in der Längsrichtung zusammengepreßt; sie nehmen von hinten nach vorne an Größe ab und durch die Schrägstellung, sowie dadurch, daß sich jeder Zahn schuppenartig dicht vor seinen Hintermann einschiebt, entsteht ein vollkommen geschlossener, von außen nach innen stufenartig niedersteigender Zahnwall. Auf dem rechten Maxillare lassen sich 5 solcher Zähne zählen, die beiden hinteren weisen zwischen einer äußeren vorderen und inneren hinteren Spitze eine kleine Einsenkung auf, die drei vorderen besitzen nur eine äußere Spitze, dann folgen zwei kleinere und schließlich vor dem Prämaxillare auf dem zugeschärften Kieferrand noch die Reste von 2 (? 3) sehr viel kleineren Zähnchen. Während das rechte Maxillare seine Zahnreihe von der Seite zeigt, ist die linke von oben sichtbar, und hier sind an seinem Vorderende mit Sicherheit drei kleine Zähnchen zu beobachten, dann folgen wie auf der Gegenseite zwei etwas größere, denen sich dann die geschlossene, aus schräg zur Kieferaxe gestellten Zähnen bestehende Reihe anschließt, ich glaube hier mindestens 6, also einen mehr als auf dem linken Maxillare zählen zu können und vermute deshalb, daß wahrscheinlich dort die hinteren Zähne mit Doppelspitzen (die nur ihre Seitenansicht darbieten) auf 2 Individuen zurückzuführen sind. Sämtliche Zähne lassen eine feine vertikale Runzelung erkennen.

Wie bei Hatteria ist auch der Außenrand des Palatin mit einer Zahnreihe besetzt, so zeigt unser linkes vorn 2 (? 3) größere mit zugeschärften Oberkanten, denen nach hinten fünf kleinere Zähnchen sich anschließen, der vordere derselben ist ein

---

[1]) A. Günther, Contribution to the Anatomy of Hatteria. Transact. Philos. Soc. London 1867, S. 601.

deutlicher Kegelzahn, die rückwärtigen, welche wohl ebenso beschaffen waren, sind abgekaut.

Die Wirbelsäule ist noch in engster Verbindung mit dem Schädel. Hinter dem Basioccipitale liegt ein keilförmiger Knochenteil: das Intercentrum des Atlas, welches vermutlich wie bei Hatteria mit dem Neuralbogen des Atlas verschmilzt und den basalen Teil des Ringes bildet.[1]) Daran legt sich in schwach nach rückwärts geneigter Stellung der Epistropheus, so daß die untere Partie der Vorderseite des Wirbelkörpers sichtbar wird, die man, soweit sie sichtbar ist, fast als platycoel bezeichnen kann; er besitzt wie alle Wirbel Fadenrollenform, sein oberer Bogen zeigt sich rechts teilweise, insbesondere ist die horizontal gestellte Postzygapophyse gut zu sehen. Zwischen dem Epistropheus und dem nächsten, dem 3. Wirbel ist ein großes Intercentrum eingeschaltet und ebenso finden sich solche zwischen den nachfolgenden 6 Wirbeln, so daß also abgesehen vom Intercentrum des Atlas insgesamt 7 solcher Schaltstücke vorhanden sind. Dieselben nehmen nach rückwärts an Größe ab, die 6 vorderen treten mehr oder weniger wulstförmig zwischen den Wirbelkörpern hervor, das 7. etwas schwächere Intercentrum aber liegt im gleichen Niveau wie die letzteren. Die Gelenkfortsätze der Halswirbel sind wie an allen übrigen Wirbeln horizontal gestellt.

Es sind freie Halsrippen entwickelt. Bereits am dritten Wirbel ist unterhalb des ihm vorhergehenden Intercentrums auf der linken Körperseite eine kurze zweiköpfige Halsrippe von gabelförmiger Gestalt zu sehen, am 4. ist ein Paar ebensolcher und am 5. wiederum eine links zu beobachten; letztere zeigt deutlich, daß sie hohl ist. Das unterhalb des 4. Wirbels befindliche Rippenpaar scheint nur wenig disloziert zu sein und es erweckt den Anschein, als ob die Rippe mit der auf der rechten Wirbelseite gut sichtbaren Parapophyse und dem Intercentrum gelenkt hätte.

Der Wirbel, dem das letzte Intercentrum vorangeht, ist den Atlas mitinbegriffen der 9. der ganzen Reihe, ihm folgen bis zu den zwei Sakralwirbeln noch weitere 15, so daß also die Zahl der präsakralen Wirbel an unserem Homoeosaurus

---

[1]) H. F. Osborn, Intercentra and Hypaphyses in the cervical region of Mossasaurs, lizards and Sphenodon. American Naturalist, 34, No. 397, 1900, S. 7.

zusammen 24 beträgt, ihre Wirbelkörper sind alle fast gleich groß und messen in der Rumpfregion 3 bis 3,5 mm.

Am 6. Wirbel befindet sich auf seiner linken Seite eine isolierte Rippe, die proximal zwar verbreitert, aber nicht zweiköpfig wie die vorhergehenden Rippen ist, sie ist kurz, nur schwach gekrümmt und gleicht sehr den kurzen vorderen Halsrippen von Hatteria. Am 7. Wirbel sehen wir jederseits hinter der Clavicula eine stark gebogene lange Rippe ansetzen; diese Rippen sind einköpfig, hohl wie jene von Hatteria und aus diesem Grunde häufig eingedrückt, was in Längsfurchen, besonders in ihrem distalen Teil zum Ausdruck kommt. Ein Processus uncinatus, der für Hatteria bezeichnend ist, kann bei ihnen nicht beobachtet werden. Man kann solche Rippen bis kurz vor die Beckengegend feststellen, wo zwei „Lendenwirbel" entwickelt sind, die jederseits nur relativ kurze seitliche Anhänge aufzuweisen haben, die aber am 2. dieser Wirbel noch deutlich ihre Rippennatur durch eine trennende Naht gegen den Wirbelkörper zu erkennen geben. Noch im Bereich des Schultergürtels und von da bis zur Lendengegend bemerkt man auf beiden Seiten des Rumpfes in der Nachbarschaft der distalen Rippenendigungen heller gefärbte Spangen vom gleichen Lumen wie die Rippen; während aber diese sich sofort als knöcherne Bildungen zu erkennen geben, zeigen jene eine histologisch abweichende körnige, granulierte Oberfläche, auf der bei verschiedenen dieser Spangen ringförmig stärker hervortretende Wülste mit schwächeren alternieren. H. v. Meyer[1]) hat solche Bildungen bei den von ihm untersuchten Homoeosauriden schon beobachten können, so bei seinem Sapheosaurus Thiollieri und bei Homoeosaurus Maximiliani. Während er bei der Beschreibung der ersteren Form sich noch zurückhaltend hinsichtlich ihrer Deutung ausspricht, lautet seine Meinung bei Homoeosaurus Maximiliani schon bestimmt: „Die Rückenrippen waren einköpfig, außer ihnen waren noch Brust-, Bauch- und seitliche Rippen vorhanden, von denen einige knorpeliger Natur

---

[1]) a) Fauna der Vorwelt. Reptilien aus dem lithographischen Schiefer des Jura in Deutschland und Frankreich. Frankfurt 1860. S. 109.

b) Homoeosaurus Maximiliani a. d. lithograph. Schiefer von Kehlheim. Paläontographica. 15. 1865. 68. S. 52.

waren, was an ihrem enge- und fein-geringelten Aussehen, eine
Folge vom Zusammenziehen oder Einschrumpfen des Knorpels
erkannt wird." Diese Anschauung ist richtig; es handelt sich
um knorpelige Rippenteile, wie sie bei den Lacertiliern und
z. B. auch bei Hatteria auftreten. Ebenso wie bei dieser Gattung können wir auch an unserem Fundstück beobachten, wie
der distale Teil der verknöcherten Rippe sich in eine kürzere solche
Knorpelspange fortsetzt, welche sich mehr oder weniger senk-
recht zum Rumpf stellt, an diese kürzere legt sich eine längere,
dem Körper fast parallel nach vorn zu streichende Knorpelspange
an; erstere stellt den distalen knorpeligen Teil des dorsalen Rippenabschnittes, letztere den ebenso knorpelig ge-
bliebenen und nur teilweise oberflächlich verkalkten ventralen
Abschnitt der Rippe dar. Ich habe an andern Individuen der
Gattung Homoeosaurus diesen Rippenapparat mehr oder weniger
vollständig freilegen können. An unserem Stücke lassen sich diese
Spangen bis in die Beckengegend konstatieren (vgl. Taf. 3 und 8).

Direkt am Hinterrand des Sternums auf der rechten Körperseite liegt die erste seitliche Spange des Gastralapparates[1]);
von da ab sind diese Bauchrippen, die sich aus einem mitt-
leren, winklig gebogenen und je einem seitlichen gekrümmten
Knochenstäbchen zusammensetzen und von denen je zwei auf
ein Körpersegment treffen, bis zum ersten Lendenwirbel
zu verfolgen (vgl. Taf. 6 und 8).

Der Brustgürtel läßt die verschiedenen ihn aufbauenden
Elemente gut erkennen. Den Wirbelkörper des 7. Wirbels über-
spannen die beiden gekrümmten, etwa 7 mm langen Claviculae,
sie liegen mit ihren Hinterrändern dem T förmigen Episternum an,
dessen Hinterende weggebrochen und welches 8 mm lang ist.
Von Coracoid und Scapula bleiben große Teile knorpelig, die
Grenzen dieser knorpeligen Partien sind indessen zum größten
Teile zu sehen, da dieselben sich in einer feinen dichten Granu-
lation erhalten haben. Der verknöcherte Teil des Coracoids
ist eine unregelmäßig halbkreisförmige Scheibe, mit einem deutlichen Foramen supracoracoideum in der Nähe des Vorder-

---

[1]) L. Döderlein, Das Gastralskelett in phylogenetischer Beziehung.
Abhandl. d. Senkenberg. naturforsch. Gesellsch, Bd. XXVI.

randes und der Grenze gegen die Scapula, sein knorpeliger Teil
füllt den Winkel zwischen Episternum und Clavicula. Der verknöcherte Teil der Scapula, die sich nicht mit dem Coracoid ver-
wachsen zeigt, ist wie gewöhnlich in der Mitte eingeschnürt und
sein Vorderrand tief konkav, ein typisches Acromion wie bei Hatteria läßt sich aber nicht beobachten, lediglich eine von der Stelle,
wo es zu erwarten wäre, nach hinten und einwärts ziehende Leiste.
Coracoid und Scapula, welche sich ungefähr in einem rechten
Winkel treffen, bilden hier die Gelenkfläche für den Humerus.
Am distalen — dorsalen — Rande sind noch in Gestalt von
Granulationen Reste eines knorpeligen Suprascapulare wahrnehmbar. Auch ein großer Teil des knorpeligen „Sternum"
ist erhalten geblieben. Auf der rechten Körperseite hinter dem
Coracoid verrät die dicht granulierte Oberfläche, die genau so
aussieht wie die eines getrockneten Knorpelsternums von Hatteria[1]),
seine Lage; der disto-laterale Rand verläuft vom Medialrand des
Coracoides nach rückwärts gegen die Wirbelsäule, wo er ungefähr am 12. Wirbel, wo die ersten Bauchrippen sich einstellen,
sein Ende findet. Der Umriß dieser ebenen Platte des Sternums
war demnach ein rhomboidaler. Außerdem glaube ich die Abdrücke von 2, vielleicht sogar von 3 ursprünglich knorpeligen
Sterno-costalia feststellen zu können.

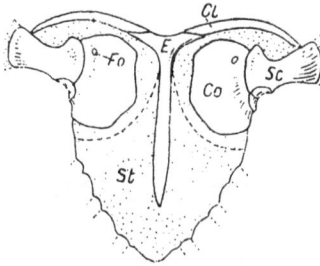

Erklärung der Textfigur.

Rekonstruktion des Brustschulterapparates von Homoeosaurus brevipes Zittel non H. v. M.
E Episternum. St Sternum, die Grenze des knorpeligen Sternums gegen den übrigen Teil des
Brustschulterapparates ist unsicher. Cl Clavicula. Co Coracoid. Fo Fo. supracoracoideum.
2 × vergrößert.

---

[1]) M. G. Fürbringer, Vergleichende Anatomie des Brustschulterappa-
rats und der Schultermuskeln. Jenaische Zeitschr. f. Naturwissensch., 34. Bd.,
1900, Fig. 50, Tafel 16 und 17.

Gleich wie bei Hatteria weist der proximale und distale Teil des 11,5 mm langen Humerus gegenüber dem verengten Schaft eine ziemlich starke Verbreiterung auf. Der linke läßt an seinem proximalen Abschnitt deutlich das Caput humeri und einen ventral hervorragenden Processus lateralis, der rechte distal die allerdings in eine Ebene niedergedrückten Gelenkvorsprünge für Ulna und Radius erkennen, über denen sich die Fossa supratrochlearis ventralis und die beiden noch von Gesteinsmaterial erfüllten Foramina des Canalis nervi mediani (entepicondyloideus) und des Canalis nervi radialis (ectepicondyloideus) befinden.

Der Vorderarm mißt 9 mm in der Länge, die Ulna ist etwas stärker wie der Radius, namentlich in ihrem proximalen Abschnitt.

Der Carpus ist durch Hautverknöcherungen, die dem darunter liegenden Fußwurzelknochen innig aufliegen, unkenntlich gemacht. An der rechten Fußwurzel ließen sich drei Elemente herauspräparieren, an der linken aber nur unsichere Spuren von solchen.

Von den fünf Metacarpalia sind I und V beträchtlich kleiner wie II mit IV; die einzelnen Längen derselben betragen I: 2 mm; II: ca. 3,5 mm; III: 4,5 mm; V: 2,5 mm.

Die Zahl der Phalangen, deren Endglieder kräftige Krallen sind, beträgt: 2, 3, 4, 5, 3. Die Längen der Finger sind entsprechend in mm:

1. Finger: 2,5—2 = 4,5 mm
2. Finger: 2,5—2,5—2 = 7 mm
3. Finger: 2—2—2,5—2 = 8,5 mm
4. Finger: 1,5—2—2—2—1,5 = 9 mm
5. Finger: 2—2—2 = 6 mm.

Hinter dem 2. Lendenwirbel, dessen von ihm durch Naht getrennte hackenförmig nach vorne gekrümmte Rippe etwas kürzer ist wie die ähnlich gestaltete etwas längere seines Vorgängers, folgen die zwei Wirbel des Beckens; der erste wird nahezu vollständig von den beiden über ihm in der Symphyse fast zusammenstoßenden Ischia überdeckt, nur zeigt sich links das distale Ende seiner verhältnismäßig kräftigen Rippe. Der 2. Beckenwirbel weist jederseits eine durch Naht mit dem Körper verbundene, sehr stämmige und distal in zwei Fortsätze gegabelte Rippe auf, der vordere endet mit breit abgestutzter Fläche und legt sich mit derselben an das Ilium, der hintere, etwas kürzere, ist flacher und endet mit breiter Spitze.

Mit dem 2. Sakralwirbel sind an unserem Stück noch vier Wirbel des Schwanzes im Zusammenhang. Der erste hat ungefähr die Länge seines Vorgängers: 3 mm. Zwischen ihm und dem beinahe 3,5 mm langen 2. Schwanzwirbel ist ein kleines Intercentrum eingeschaltet, an dem darauf folgenden 3. 4 mm langen Wirbel und dem nicht vollständig erhaltenen 4. Schwanzwirbel zeigen sich deutliche Reste von distal verschmolzenen unteren Bogen (Haemapophysen).

An andern Exemplaren des mir vorliegenden Materiales von Homoeosaurus sind diese Haemapophysen deutlicher zu sehen, so besonders an dem öfter zu nennenden Homoeosaurus pulchellus und zwei nach Berlin gehörenden Stücken (Taf. 5—7). Bei dem ersteren lassen sich Spuren von untern Bogen bis zum 22. Schwanzwirbel verfolgen; dieselben legen sich proximal an die verknöcherten Intercentra, die sich innerhalb dieses Abschnittes verschiedentlich gut erkennen lassen und die an dem betreffenden Stück zwischen den übrigen Schwanzwirbelcentra bis zwischen dem 27. und 28. Wirbel der ganzen Reihe — es sind nur 29 erhalten — entwickelt sind. Distal sind die Gabelknochen, die vorderen zeigen das ganz gut, miteinander verschmolzen.

Die Verknöcherung der Intercentra greift also hier weiter zurück als bei Hatteria, wo dieselben in der Schwanzregion nur bis zu der Stelle, wo die Hämalbögen aufhören, angetroffen werden.[1]) Eines der Berliner Exemplare, welches von

---

[1]) O. Bütschli, Vorlesungen über vergleichende Anatomie 1910, S. 198. Bütschli stellt hier fest — was bereits früher durch P. Albrecht (Note sur la présence d'un rudiment de proatlas sur un exemplaire de Hatteria punctata Gray. Bull. Mus. Roy. Hist. nat. Belge T. II, 1883, S. 190) geschehen war, welcher Intercentra vom Epistropheus ab bis zum 3. Schwanzwirbel konstatieren konnte —, daß knöcherne Intercentra bei Hatteria nach vorne von der Stelle ab, wo die Hämalbögen in der vorderen Kaudalregion aufhören, als selbständig gebliebene Gebilde vorkommen. Die Angaben von Günther (l. c. S. 605) und Osawa (l. c. S. 486 u. 487) werden dadurch richtig gestellt, welche beide das Vorkommen verknöcherter Intercentra bei Hatteria nur für die Halsregion von Hatteria anführen. Ich konnte an einem von Prof. Döderlein mir freundlichst zur Verfügung gestellten Skelett von Hatteria dieselben gleichfalls zwischen den Rumpf-

der Bauchseite zu sehen ist, zeigt sehr gut an zwei der unteren
Bogen ihre beiden gelenkflächenhaft verbreiterten proximalen
Enden, ein zweites halb auf der Seite liegendes Individuum läßt
zwischen dem ersten und zweiten Schwanzwirbel ein Interzentrum
und dann unterhalb des 2. und 3., und 3. und 4. die heraus-
gedrückten Intercentra und die mit ihnen vereinigten Haemapophysen erkennen, das vordere der beiden hat deutlich noch die
beide Elemente trennende Nahtlinie erhalten.

Kehren wir nun zu unserm (1922. I. 15) Münchner Exemplar
zurück, so besitzen alle vier erhaltenen Schwanzwirbel kräftige
stachelartige seitliche Fortsätze an den Wirbelkörpern.
Bei oberflächlicher Betrachtung erweckt es den Anschein, als ob
es sich hier lediglich um Processus transversi handle, unter der
Binocularlupe wird aber besonders gut an dem dritten Wirbel der
linken Seite die trennende Sutur zwischen dem kurzen Processus transversus und dem stachelartigen Rippenrudi-
ment sichtbar. Die nämliche Eigentümlichkeit ist an verschiedenen seitlichen Fortsätzen am Schwanz von Homoeosaurus
pulchellus (1887. I. 1) und einem Berliner Stück zu sehen. Im
Gegensatz dazu erfolgt bei Hatteria anscheinend schon sehr früh-
zeitig eine so innige Verschmelzung der Rippe mit dem Quer-
fortsatze, daß eine Unterscheidung beider offenbar häufig nicht
mehr möglich ist. Wenigstens konnte Osawa[1]) bei den von ihm
untersuchten Exemplaren freie Rippen nicht unterscheiden im
Gegensatz zu G. Baur[2]), welcher an jugendlichen Hatterien freie
Sakral- und Schwanzrippen nachwies, und, da er die gleiche Erscheinung auch bei den der Beckengegend vorhergehenden Wirbeln
beobachtete, das Vorhandensein von eigentlichen Lenden-
wirbeln in Abrede stellte.

Von den drei im Acetabulum aneinander stoßenden Elementen des Beckens ist das Pubis ein in der Mitte ziemlich stark
zusammengeschnürter Knochen. In dem proximalen Teile des-

wirbeln und an einem anderen recht schlecht skelettierten Individuum auch
bei den ersten Schwanzwirbeln wenigstens feststellen.

[1]) G. Osawa, Beitr. zur Anatomie der Hatteria punctata. Archiv f.
mikrosk. Anat. und Entwicklungsgesch. 51, 1898, S. 488.

[2]) G. Baur, On the morphology of ribs. American Naturalist. Oktober
1887. S. 943.

selben liegt ein relativ großes Foramen obturatorium. Ich
konnte dasselbe auch an anderen Angehörigen des Genus Homoeosaurus beobachten, besonders gut aber an dem Originale zu
Zittels: Homoeosaurus pulchellus, wo die betreffenden Ge-
fäße auf dem linken Pubis, wie bei unserem Individuum, in einer
Öffnung, auf dem rechten Pubis aber in zwei von einander
deutlich getrennten, dicht neben einander liegenden Foramina
austreten. H. pulchellus (Taf. 7) bietet auch noch deshalb besonderes Interesse, weil das Stück sehr gut die bei Hatteria in der
Mittellinie entwickelte knorpelige Verbindung zwischen den
beiden Schambeinen erhalten hat. Vor dem Fo. obt. am
cephalen Rand zeigt sich ein Vorsprung „Tuberculum pubis“,
„Processus lateralis pubis“, an den die schiefen Bauchmuskeln
ansetzen.[1]) Die Länge unseres Pubis beträgt 6,5 mm. Das
Ischium tritt medial sehr nahe an das der Gegenseite heran,
eine gegenseitige Verschmelzung erfolgt aber nicht, indessen war
die beiderseitige knorpelige Verbindungsstrecke weniger breit als
zwischen den Schambeinen. Mit dem Pubis kommt es hier zu
keiner Vereinigung, beide Knochen waren hier offenbar wie bei
Hatteria durch Knorpel verbunden, und auf diese Weise kommt
es bei unserem Homoeosaurus wie dort zwischen den Pubis und
Ischium und jener knorpeligen medianen Verbindung zur Bildung
eines großen Foramen puboischiadicum. Das ca. 7 mm lange Sitz-
bein ist dorsocaudalwärts zu einem langen Fortsatz ausgezogen.

Das aus seiner ursprünglichen Verbindung gelöste Ilium
der rechten Körperseite zeigt seine Grenzfläche gegen Pubis und
Ischium sowie seinen Anteil am Acetabulum. Im Gegensatz zur
Hatteria, bei welcher der dorsale Abschnitt des Ilium nur mäßig
kaudalwärts geneigt ist, macht er hier ähnlich wie bei den Lacertiliern, einen bedeutend größeren Winkel und ist auch relativ
länger. Das bereits öfter genannte Exemplar von Homoeosaurus
pulchellus Zittel läßt recht gut auf seiner rechten Körperhälfte
an dem kaudalwärts stark geneigten Ilium die konkav vertiefte

---

[1]) G. Osawa, Beitr. zur Anatomie der Hatteria punctata. Archiv f.
mikrosk. Anat. und Entwicklungsgeschichte 51, 1898, S. 530.

W. C. Gregory and L. C. Camp, Studies in comparative myology
and osteology. Bull. Americ. Mus. Nat. Hist. Vol. 38, 15. Art., T. 45,
Fig. A[1] und A[2].

Anlagerungsfläche des vorderen Fortsatzes der 2. Sakralrippe und außerdem den nahen Kontakt ihres hinteren Fortsatzes mit dem hinteren Ende des Iliums erkennen; die erste Sakralrippe tritt unterhalb des Ischiums an die vordere Partie des dorsalen Ilium-Abschnittes heran (Taf. 7).

Der schwach gekrümmte, schlanke Femur mißt 17,5 mm in der Länge; unterhalb seines Kopfes ist an dem der rechten Seite ein deutlicher Trochanter, der gewöhnlich als major bezeichnet wird, zu sehen. Die beiden Unterschenkelknochen Tibia und die schwächere Fibula besitzen die gleiche Größe von 13 mm, die proximale Reihe des Tarsus wird bei unserem Individuum durch die miteinander so eng durch Naht verbundenen halbschuhförmigen Elemente der Astragalus und Calcaneus repräsentiert, daß man ähnlich wie bei Hatteria von einem einzigen Knochen sprechen kann; er mißt 5 mm in der Breite und 2,5 mm in der Höhe, an ihn legen sich die mehr oder weniger vollständigen Abdrücke von 4 kleinen Knöchelchen, welche der distalen Tarsusreihe und dem Metatarsus angehören, infolge ihrer unvollständigen Erhaltung aber keine weitere Deutung zulassen.

Über die Wirbel von Homoeosaurus.

Wie ausgeführt, beträgt bei dem vorausgehend untersuchten Stück die Zahl der präsakralen Wirbel 24 (bei Hatteria 25). Es fragt sich nun, wie viele derselben als Halswirbel zu bezeichnen sind. Nachdem infolge der Erhaltung nicht festzustellen ist, von welchen Rumpfwirbeln bzw. Rippen die beobachteten 2 oder 3 Sternocostalia entspringen, läßt sich diese Frage nicht direkt beantworten. Beim 7. Wirbel stellt sich nach den früheren Darlegungen die erste größere Rippe ein — da nun bei Hatteria zwei größere Rippen derjenigen, welche sich als erste mit dem Sternum verbindet und dadurch ihren Charakter als 1. Rumpfrippe beweist, vorausgehen, so halte ich es für sehr wahrscheinlich, daß entsprechend Hatteria ebenso hier noch der 8. Wirbel als Halswirbel zu bezeichnen ist. Für diese Annahme spricht auch ein weiterer Umstand, nämlich das Auftreten der Intercentra: Das zwischen dem 7. und 8. Wirbelkörper entwickelte Interzentrum besitzt nämlich noch dieselbe typische kräftige Ausbildung wie die ihm direkt vorausgehenden, während das zwischen

dem 8. und 9. Wirbel eingeschaltete etwas schwächer entwickelt
ist. Nachdem vom 9. Wirbel ab bei unserem Homoeosaurus im
Gegensatz zu Hatteria keine Interzentra mehr zwischen den übrigen
präsakralen Wirbeln sich zeigen, bedeutet dieses Merkmal sehr
wahrscheinlich auch die Grenze zwischen Halsabschnitt und Rumpfregion. Auf Grund dieser Annahme haben wir dann:

8 Halswirbel,

2 oder 3 Rückenwirbel mit Rippen, die sich mit dem Sternum verbinden,

12 oder 11 Rückenwirbel mit Rippen und Bauchrippen,

2 „Lendenwirbel“,

2 Sakralwirbel.

Von den Schwanzwirbeln sind 4 erhalten. Vergleichen wir
die entsprechenden Angaben von Günther und Osawa bei Hatteria[1]), so zeigt es sich, daß dieselbe nur um einen Lendenwirbel
mehr besitzt und dadurch zu 25 gegenüber 24 Präsakral-
wirbeln bei unserer Form kommt.

Innerhalb des übrigen Materials besitzt der seine Bauchseite
zeigende Homoeosaurus pulchellus, das Original Zittels, eine un-
gestörte Wirbelreihe; noch in Verbindung mit dem Schädel
das große keilförmige Intercentrum des Atlas, dann den Epistropheus und bis zu den beiden Claviculae 4 weitere mit ein-
geschalteten Intercentra, also insgesamt 6 Wirbel; über den
7. Wirbel legen sich Claviculae und Episternum, und nun folgen
11 weitere Wirbel, mit dem Atlas also 18, der Rest der präsakralen Reihe bis zum kaudalen Abschnitt des letzten Lenden-
wirbels wird von dem Pflaster der Hautverknöcherungen und den
Gastralrippen überdeckt. Die Länge dieser Strecke bis zum
1. Sakralwirbel mißt 24,4 mm, welchem Betrage genau die Länge
von 6 Rückenwirbelkörpern entspricht. Wir können deshalb bei
dem Münchner Homoeosaurus pulchellus Zittel auch mit
24 präsakralen Wirbeln rechnen, die wohl ebenso zu gruppieren
sind wie die der oben beschriebenen Form.

Die nämliche Zahl von 24 präsakralen Wirbeln glaube ich
bei einem als Homoeosaurus pulchellus bestimmten Angehörigen der Gattung aus dem Berliner Museum (Berlin III der

---

[1]) l. c., S. 604 und 483.

Tabelle) zählen zu können, von welchem sowohl Platte wie Gegenplatte vorliegt. Die eine Platte zeigt die vordere Partie des Körpers in der Dorsalansicht, die andere den rückwärtigen Teil in Ventralansicht.

Obwohl bei Homoeosaurus brevipes Zittel non H. v. M., Nr. 1887. II. 2 der Münchner Sammlung, welcher von der Dorsalseite entblößt ist, die Halswirbel durch die Überdeckung von Hautverknöcherungen in ihren Grenzen undeutlich gemacht werden, so läßt sich doch mit ziemlicher Sicherheit auch bei dieser Art die Zahl der präsakralen Wirbel als 24 bestimmen.

Was das schöne Original von Homoeosaurus Maximiliani betrifft, dessen präsakrale Wirbelzahl nach H. v. Meyer[1]) 23 beträgt, so ist der von diesem als erster angesprochene Wirbel bereits als Epistropheus zu deuten, da er auf seiner rechten Seite eine deutliche Postzygapophyse, die sich auf die Praezygapophyse des im übrigen schlecht erhaltenen nachfolgenden Wirbels legt, zu erkennen gibt. Demnach besitzt also auch diese Art von Homoeosaurus 24 präsakrale Wirbel.

Bei der von Struckmann mit Homoeosaurus Maximiliani identifizierten Form aus dem Jura bei Hannover wird von demselben die Zahl der präsakralen Wirbel auf 22 (4 Halswirbel und 18 Rückenwirbel) angegeben. Wie ich mich an dem mir zum Vergleiche vorliegenden Originale überzeugen kann, ist aber besonders die Halsregion desselben durch eine schlechte Erhaltung der Wirbel gekennzeichnet — die Figur bei Struckmann[2]) ist stark ergänzt — so daß also auch bei diesem Exemplare eine größere Zahl von präsakralen Wirbeln mit Sicherheit anzunehmen ist.

Von Homoeosaurus macrodactylus liegt mir ebenso wie H. v. Meyer[3]) nur die eine der beiden von A. Wagner[4]) unter-

---

[1]) H. v. Meyer, Homoeosaurus Maximiliani a. d. lithograph. Schiefer. Paläontographica, 15. Bd. (1865—68), T. X, S. 51/52.

[2]) l. c. S. 252.

[3]) H. v. Meyer, Reptilien a. d. lithographischen Schiefer des Jura in Deutschland und Frankreich. Frankfurt 1860. S. 103 etc. T. XI, Fig. 5.

[4]) A. Wagner, Neu aufgefundene Saurierüberreste a. d. lithograph. Schiefern a. dem ob. Jurakalk. Abhandl. d. k. b. Akad. d. Wissensch. II. Kl., VI. Bd., III. Abt. 1852, S. 9 (12), T. 2.

suchten Platten vor. Auf derselben zeigt sich sowohl zwischen
der Halsgegend und den Rumpfwirbeln, als auch zwischen diesen
und der Beckenregion eine Unterbrechung, und Wagner sowohl wie
in Übereinstimmung mit ihm H. v. Meyer schätzen die Zahl der
präsakralen Wirbel nicht über 25. Nach meiner Schätzung aber
dürfte auch hier die Zahl 24 gewesen sein. Auf eine eigentümliche Erscheinung sei bei Besprechung der präsakralen Wirbel
dieser Spezies noch hingewiesen. Dieselben sind in Seitenlage
und lassen zwischen den Halswirbeln kräftige Intercentra erkennen. Auch zwischen den erhaltenen Rumpfwirbeln zeigen
sich ähnliche wulstartige Erhöhungen, welche man vielleicht als
die verdickten Vorder- bezw. Hinterränder der Wirbel deuten
kann, die aber viel mehr den Eindruck unpaarer Elemente, also
den von Intercentra erwecken. Ich persönlich betrachte die
letztere Deutung für die weitaus wahrscheinlichere, will aber angesichts der mangelhaften Erhaltung die Frage noch offen halten;
es erscheint also immerhin möglich, daß bei gewissen Arten von
Homoeosaurus ähnlich wie bei Hatteria zwischen allen präsakralen
Wirbeln Intercentra auftreten.

Der von Grier[1]) aufgestellte Homoeosaurus digitatellus,
welcher sich im Carnegie-Museum befindet, hat dem Autor zu-
folge 6 Halswirbel und 17 Rückenwirbel (es heißt zwar S. 87
„praesacrals 7" — doch handelt es sich offenbar um einen Druck-
fehler und ist dafür „17 dorsals" zu setzen, da er auf S. 88 aus-
drücklich von „17 pairs of sternal and abdominal ribs" spricht);
da aber die Wirbel der Sakralgegend undeutlich erhalten sind, ist
es sehr leicht möglich, daß hier noch ein Wirbel als präsakraler
vorhanden ist, so daß auch bei dieser Art dann 24 präsakrale
Wirbel vorhanden wären.

Bei Homoeosaurus Jourdani aus dem oberen Jura von
Cerin kann Lortet[2]) zwar 5 Halswirbel feststellen, nicht aber die
Zahl der Rückenwirbel, so daß die Zahl der präsakralen Wirbel
bei dieser Spezies nicht zu konstatieren ist. Homoeosaurus
Rhodani Lortet ist nur vom Becken ab erhalten.

---

[1]) N. Grier, A new Rhynchocephalian from the Jura of Solenhofen.
Annals of the Carnegie-Museum, Vol. IX, No. 1—2, 1914, S. 16 mit T. XXII.

[2]) Lortet, Les Reptiles fossiles du bassin du Rhône. Archiv. d. Mus.
d'Histoire Nat. d. Lyon. V, 1892, T. VI, fig. 1—6, S. 70 etc.

Bei dieser Gelegenheit sei darauf hingewiesen, daß die Angaben der verschiedenen Autoren bei den durchbesprochenen Arten hinsichtlich der Zahl der Halswirbel wohl alle mehr oder weniger ungenau sind, weil keiner derselben sagen kann, welcher der Wirbel sich als erster mit dem Sternum verbindet. Der Besitz von Rippen allein kennzeichnet den betreffenden Wirbel noch nicht als Rumpfwirbel.

Bei den meisten Exemplaren von Homoeosaurus ist der Schwanz nicht vollständig erhalten, so daß die Angaben bezüglich der Zahl der Schwanzwirbel natürlich schwanken, die größte beobachtete Zahl derselben bei einem der Originale von Homoeosaurus Maximiliani beträgt nach H. v. Meyer[1]) 33; Struckmann[2]), welcher seine Funde mit dieser Art identifiziert, führt 42 an, Zittel[3]) spricht von über 40 und Lortet[4]) kann ca. 30 beobachten, nimmt aber an, daß wahrscheinlich noch ein Dutzend fehlt. Ein im Jahre 1911 in München erworbenes Stück von Homoeosaurus von Painten bei Kelheim (34. I. 1911), das anscheinend den ganzen Schwanz bis zum letzten Ende noch besitzt, läßt auch ca. 40 Wirbel erkennen, so daß wir also mit dieser Zahl rechnen können.

Bei all den untersuchten Formenarten haben die vorderen drei Kaudalwirbelkörper noch ungefähr die gleichen Dimensionen wie jene der beiden Beckenwirbel und der vorausgehenden präsakralen Wirbel, vom 4. Schwanzwirbel ab macht sich aber eine allmählich progressiv kaudalwärts zunehmende Verschwächung ihres Lumens bei gleichzeitiger relativer Streckung geltend, so daß sehr bald jene fast hülsenförmig zu bezeichnenden Wirbelkörper entstehen, welche diesen Charakter bis fast zum Schwanzende bewahren. Bei Homoeosaurus pulchellus wird dies schon beim 11. Schwanzwirbel erreicht, der hier ungefähr 5 mm lang ist, während der 1. Schwanzwirbel nur eine Länge von 3 mm erreicht; sogar der 26. Wirbel hat noch eine Länge von 4,5 mm.

---

[1]) H. v. Meyer, Reptilien aus der Juraformation, l. c., S. 103.
[2]) C. Struckmann, Notiz über das Vorkommen von Homoeosaurus Maximiliani H. v. M. in den Kimmeridge-Bildungen von Ahlem unweit Hannover. Zeitschr. d. d. geol. Gesellsch. 25, 1873, S. 252.
[3]) K. Zittel, Handbuch der Paläontologie III, S. 589.
[4]) Lortet, l. c., S. 71.

Auf die eigentümliche Erscheinung der Querteilung der
hinteren Schwanzwirbel, die aber nach Gegenbaur[1]) nichts
mit der Wirbelanlage zu tun hat, welche unser Homoeosaurus
mit verschiedenen Eidechsen und Hatteria[2]) teilt, hat bereits
H. v. Meyer[3]) und unter andern L. v. Ammon[4]) hingewiesen. Diese
Querteilung ist am besten bei Wirbeln in Seitenlage zu sehen, so
besonders gut an einem der Berliner Stücke (Berlin I der Tabelle),
bereits am 10. Wirbelkörper des Schwanzes und an dem Originale
H. v. Meyers von Homoeosaurus macrodactylus vom 6. Wirbel ab,
wo dieses Merkmal durch diesen Autor beschrieben und sich besonders gut am 8. und 9. sehen läßt. Bei diesen beiden Wirbeln
geht der trennende Querwulst sowohl durch den Wirbelkörper
als durch den oberen Bogen, der stachelartige, relativ hohe Dornfortsatz sitzt am hinteren Ende desselben; Prae- und Postzyga-
pophysen sind wohl entwickelt, die unteren Bogen sind zum
größten Teil im Abdruck erhalten, und ich glaube auch Intercentra beobachten zu können; am 6. und 7. Wirbel sind noch
Spuren von Querfortsätzen vorhanden. Im Gegensatz dazu läßt
sich bei dem Berliner Stück, — was hier in besonders guter
Erhaltung am 10. Wirbel erkennbar ist — Teilung nur auf dem
Wirbelkörper sehen, sie greift hier nicht mehr auf den
oberen Bogen über, dessen vordere und hintere Gelenkfortsätze
noch voneinander getrennt und horizontal gestellt sind; sein Dornfortsatz erreicht nicht die Schlankheit desjenigen von Homoeosaurus macrodactylus, untere Bogen sind vorhanden (Taf. 4, 6, 7).

Nachdem die meisten Exemplare von Homoeosaurus ihre Bauch-
bzw. Rückenseite zeigen, kann man sich von der Höhe der
Dornfortsätze keine gute Vorstellung machen, da sie alle mehr
oder weniger niedergedrückt sind und so den Eindruck eines
niedrigen kammartigen Rückens erwecken. Indessen gibt uns die
eine der beiden im Münchner Museum befindlichen Originalplatten
von Homoeosaurus macrodactylus sowie eine der Berliner in dieser

---

[1]) C. Gegenbaur, Vergleichende Anatom. d. Wirbeltiere, 1898, I, S. 255.
[2]) G. Osawa, Beiträge z. Anatomie der Hatteria punctata. Archiv
für mikroskopische Anatomie und Entwicklungsgeschichte, 51, 1898, S. 488.
[3]) H. v. Meyer, Reptilien a. d. Juraformation, l. c., S. 103 und 104.
[4]) L. v. Ammon, Über Homoeosaurus Maximiliani. Abhandl. d. k.
b. Akad. d. Wissensch., II. Kl., XV. Bd., II. Abt., 1885, S. 515 (19).

Hinsicht einigen Aufschluß. Erstere zeigt den teilweise nur im Abdruck vorliegenden Epistropheus und die sich anschließenden Wirbel von der Seite. Der ganze Epistropheus erreicht eine Höhe von ca. 4 mm, von denen sicher $1^1/_2$ auf den Dornfortsatz treffen; dieser, welcher sich nur wenig nach vorn senkt, mißt auf seiner Oberkante $2^1/_2$ mm in der Länge. Der mit dem Epistropheus noch verbundene, nur wenig verdrückte 3. Halswirbel erreicht nur mehr eine Höhe von $3^1/_2$ mm und von diesen trifft nur 1 mm auf den Dornfortsatz, welcher im Gegensatz zu jenem des Epistropheus an seinem Vorderrand abgestutzt und auf seiner Oberkante nur $1^1/_2$ mm lang ist. Die Dornfortsätze der Rückenwirbel dürften nach den erhaltenen Teilen derselben ähnliche Dimensionen besessen haben.

Die Processus transversi der Rumpfwirbel zeigen sich an jenem Berliner Exemplar, welches sich schräg von der Unterseite dem Beschauer darbietet, und geben sich als von der Mitte des Wirbelkörpervorderrandes nach oben und aufwärts bis zum Hinterrand der Praezygapophyse aufsteigende Leisten zu erkennen.

Das Foramen parietale bei Homoeosaurus (Tafel 3).

H. v. Meyer[1] hat bei einem seiner Originale von Homoeosaurus Maximiliani mit Vorbehalt ein Foramen parietale beschrieben. Ich möchte mich mit Bestimmtheit für die Anwesenheit eines solchen bei diesem mir gleichfalls vorliegenden Stücke aussprechen. Ferner ist an einem später erworbenen Exemplar[2]

---

[1] L. c., Paläontographica, XV, S. 51.

[2] Es handelt sich dabei um das Original zu A. Rothpletz: Über die Einbettung der Ammoniten in den Solnhofer Schichten. Abhandl. d. k. b. Akad. d. Wiss., II. Kl., 24. Bd., II. Abt., 1909, S. 319, 334, T. I, Fig. 5, dessen Todeskampf in dem zähen Schlamm nach der Meinung von Rothpletz hier dargestellt ist. Man kann hinsichtlich dieser Frage auch anderer Meinung sein. Meiner Ansicht nach handelt es sich bei diesem Stück um ein Tier, das bereits tot — anfänglich in linker Seitenlage — hingelegt, dann aber durch eine darüber hingleitende Welle in Bauchlage gebracht wurde. Dafür sprechen die tiefer eingesunkenen linken Extremitäten sowie der auffallend schmale Abdruck des Rumpfes und Kopfes, der breiter sein müßte, wenn das Tier auf dem Bauche liegend sich mit dem Schwanz empor geschnellt hätte; außerdem vermissen wir jegliche Spuren eines Abdrucks der Extremitäten, die, nachdem der Rumpf im Abdruck erhalten ist, bei dem Emporarbeiten des Tieres sich irgendwie hätten erhalten müssen.

der Münchner Sammlung von Homoeosaurus brevipes Zittel
non H. v. M. (1887, VI. 2) mit einer Schädellänge von 23 mm
das Scheitelloch sehr gut zu erkennen. Dasselbe liegt wie bei
Hatteria am vorderen Ende der Parietalcrista an der Grenze gegen
die Frontalia; sowohl zwischen den letzteren als auch zwischen
den Parietalia wird die Mediansutur deutlich sichtbar, außerdem
sind die Grenzen des linken Postfrontale am vorderen inneren
Winkel der schön erhaltenen oberen Schläfenöffnung klar
zu sehen. Die untere Schläfenöffnung ist infolge der ungünstigen
Lageverhältnisse an keinem der Stücke erkennbar. Undeutlich
ist die rückwärtige Begrenzung des in seinem vordern Teil etwas
in die Höhe gedrückten Postorbitale gegen das Squamosum,
im übrigen ist die Knochenspange, welche die ca. 5 mm lange
und 4 mm breite obere Schläfenlücke begrenzt, ziemlich
kräftig. Die verdrückt und oval erscheinende Augenöffnung
besitzt eine Länge von 6 mm und eine Breite von ca. 4 mm;
aus der linken schaut ein Teil des verschobenen und in die
Höhe gepreßten Unterkiefers mit 4 Zähnen heraus. Das den vorderen Augenwinkel einnehmende Praefrontale der rechten Seite
ist etwas nach vorn umgelegt, seine Begrenzung gegen die an-
stoßenden Nasalia, sowie diejenige der letztern gegen die Frontalia, wird durch Sprünge und Vorschiebungen undeutlich gemacht, dagegen glaube ich mit ziemlicher Sicherheit den Hinterrand der beiden äußeren Nasenlöcher zu erkennen, auf der rechten
gedrückten Seite ist derselbe ungefähr 2,5 mm vom Augen-
hinterrand entfernt, auf der linken ca. 4 mm.

Über den Carpus und Tarsus von Homoeosaurus (Tafel 4—7).

Der Carpus zeigt bei keinem der untersuchten Individuen
befriedigende Erhaltung. Die Anordnung und die genaue Zahl
der verschiedenen ihn zusammensetzenden Knöchelchen ist nir-
gends gut erkennbar. Außer auf die mangelhafte Erhaltung ist
dieser Umstand teilweise auch auf schlechte Präparation älterer
Stücke zurückzuführen, die namentlich bei dem schönen Homoeosaurus pulchellus Zittel in dieser Hinsicht viel verdorben hat.
Außerdem erscheint es nicht ausgeschlossen, daß Hautverknöcherungen, die an der Vorderextremität besonders groß ausgebildet

sind, sich auch auf dem Carpus erhalten haben und infolgedessen als Elemente desselben gezählt werden.

Am besten ist noch in dieser Hinsicht dasjenige eines Berliner Exemplares (Platte und Gegenplatte, Berlin III der Tabelle) erhalten, welches den vorderen Teil des Rumpfes von der Dorsalseite dem Beschauer zeigt; hier ist die linke Vorderextremität zum größten Teil im Positiv zu sehen; unterhalb der Ulna wird an der proximalen Reihe des Carpus zunächst ein Element sichtbar, das wohl als Ulnare zu deuten ist, dann folgt zwischen Ulna und Radius ein hinsichtlich seiner Grenzen unsicheres, größeres Knöchelchen, welches möglicherweise ein Intermedium darstellt; unter der Voraussetzung, daß diese Annahme stimmt, würde dann ein halbmondförmiger Eindruck unterhalb des Radius auf das Radiale zurückzuführen sein (— wenn es sich nicht um das distale Ende des Radius selbst handelt); in der distalen Carpusreihe sind vier Knöchelchen, davon dasjenige unter dem Ulnare, nur im Abdruck, erkennbar; die Zahl der Centralia läßt sich nicht festlegen, eines besitzt deutliche Grenzen, ob ein 2. oder noch 3. entwickelt ist, läßt sich angesichts der unsicheren Grenzen des als Intermedium angesprochenen Elementes nicht entscheiden.

An der nämlichen Vorderextremität ist auch der übrige Teil der Hand, wobei der Daumen nach außen zu liegen kommt und die Mehrzahl der Phalangen nur im Abdruck sich zeigen, gut zu sehen.

Metacarpale 1 und 5 sind ungefähr gleich groß und beträchtlich kürzer wie 3 und 4; zwischen beiden Gruppen steht Metacarpale 2. Die Zahl der Glieder der einzelnen Finger beträgt mit dem Daumen beginnend: 2, 3, 4, 5, 3, wobei der IV. der längste und, wie dies H. v. Meyer[1]) auch für seinen Homoeosaurus Maximiliani angibt, von gleicher Länge wie der Oberarm — hier ca. 12 mm —, und der I. der kürzeste ist: Die Endphalangen sind kräftige Klauen.

Die Zahl der hier beobachteten Fingerglieder stimmt mit der von H. v. Meyer bei Homoeosaurus Maximiliani in derselben Arbeit genannten überein, ebenso beträgt sie bei Homoeosaurus macrodactylus „den lebenden Lacerten entsprechend 2, 3, 4, 5, 3" [2]).

---

[1]) H. v. Meyer, l. c., Paläontographica 15 (1865—63), S. 54.

[2]) H. v. Meyer, Reptilien aus dem lithographischen Schiefer des Jura etc., l. c , S. 104.

Auch bei dem kürzlich in München erworbenen (15. I. 22)
Exemplar von Homoeosaurus haben wir, wie oben gezeigt wurde,
dieselbe Zahl festgestellt, so daß wir sie wohl für alle Angehörigen der Gattung als bezeichnend annehmen können; das Original von Zittels Homoeosaurus pulchellus hat durch die seiner-
zeitige Präparation an beiden Vorderextremitäten am 5. Finger
je eine und am 4. je 2 Phalangen verloren.

Der Fuß von Homoeosaurus besitzt eine ganz ähnliche Bau-
art wie Hatteria. Bei dieser wird die proximale Reihe des
Tarsus durch ein großes Tarsale vertreten, an dem Günther[1])
und andere noch die Naht zwischen Astragalus und Calcaneus
erkennen, während Osawa[2]) nur einen einzigen Knochen sieht,
der vier Elemente: Fibulare, Tibiale, Intermedium und Centrale
enthält und der von ihm den Namen: „Tarsale proximale" erhalten hat. Auch bei unserem Homoeosaurus ist ein in seinen
Umrissen diesem „Tarsale proximale" der Hatteria sehr ähnliches
Gebilde bei verschiedenen der mir zur Untersuchung vorliegenden
Individuen ausgebildet. Dasselbe besitzt wie jenes die von Osawa
treffend genannte Halbschuhform, aber während dieser Autor
bei seinem Material von Hatteria keine Suturen mehr konstatiert,
läßt sich bei Homoeosaurus eine solche bei einer Reihe der
proximalen Tarsalstücke nachweisen, welche einen kleineren
Fibularen-Abschnitt von einem größeren Tibialen scheidet.
H. v. Meyer hat diese Naht bei seinem jetzt in der Münchner
Sammlung befindlichen Individuum von Homoeosaurus Maximiliani[3]) bereits beobachtet; bei seinem mir gleichfalls vorliegenden
Homoeosaurus macrodactylus läßt die Naht sich nur vermuten,
dagegen findet sich bei dieser Form ungefähr an der gleichen
Stelle wie bei dem die Naht sehr deutlich aufzeigenden Homoeo-
saurus pulchellus, hier dicht bei der Sutur dem Unterrande des
Fibulare genähert, eine nadelstichgroße Gefäßöffnung. Auch bei
den Berlin gehörigen Exemplaren ist die Naht gut zu sehen.
Außerdem aber ist eines derselben (in Gips liegend, Berlin II
der Tabelle) noch besonders dadurch interessant, daß sowohl auf

---

[1]) A. Günther, Contribution on the anatomy of Hatteria, l. c., S. 615.

[2]) K. Osawa, Beiträge zur Anatomie von Hatteria, l. c., S. 533.

[3]) H. v. Meyer, Reptilien a. d. lithograph. Schiefer etc., S. 102 und
Homoeosaurus Maximiliani etc. Paläontographica 15, 1865—68, S. 54.

dem rechten wie auf dem linken proximalen Tarsalknochen eine
von der Fibularsutur in der oberen Hälfte gegen die Tibia an-
steigende Trennungslinie sich abzuzweigen und auf diese Weise
mit der ersteren einen dreiseitigen Bezirk — das Intermedium
zu umschließen scheint; demnach würden sich bei diesem Individuum von Homoeosaurus am proximalen Element des Tarsus
drei durch Sutur getrennte Bestandteile auseinander halten
lassen: Fibulare, Intermedium und Tibiale (Taf. 5). Ein
Centrale, das nach der Meinung Osawas noch bei dem „Tarsale proximale" beteiligt sein soll, konnte ich bei unserm Genus
nicht feststellen.

Was die distale Reihe des Tarsus bei Homoeosaurus betrifft, so hat bereits H. v. Meyer[4]) bei H. Maximiliani zwei
Knöchelchen desselben gesehen, sie sind an der rechten Extre-
mität des Tieres deutlicher erkennbar wie an der linken. Ein
drittes Tarsale der distalen Reihe ist an dem linken Fuß von
Homoeosaurus pulchellus erhalten, ebenso an dem linken der
Gegenplatte des Berliner Exemplars (Berlin III der Tabelle) und
schließlich ist ebenso ein drittes Tarsale an beiden Füßen des
anderen oben schon genannten Berliner Stückes zu sehen. Von
diesen drei Elementen ist das äußere das größte, es besitzt vier-
seitigen Umriß und grenzt an den V. und IV. Mittelfußknochen.
Das 2. liegt über dem III. und II., das 3. über dem I. Metatarsale. Unter den letzten sind der I. und V. relativ gedrungene
Knochen und der I. übertrifft den letzteren nur wenig an Größe,
im Gegensatz dazu erscheinen der II. mit dem IV. Mittelfußknochen als schlanke, gestreckte Elemente, das II. ist bereits
größer als I., der Metatarsale IV. ist der längste, dem III. nur
wenig an Größe nachsteht. Ähnlich wie das bei Hatteria der
Fall ist, zeigt V nach innen eine hackenartige Krümmung. Die
Zahl der Zehenphalangen ist durch H. v. Meyer bereits richtig
angegeben worden, sie beträgt, Hatteria entsprechend, mit I. beginnend, 2, 3, 4, 5, 4. Die Endphalangen sind kräftige Krallen.

---

[4]) H. v. Meyer, Reptilien a. d. lithograph. Schiefer, l. c., S. 102.

Hautverknöcherungen (Tafel 3, 8, 9).

In dem vom Knie der linken Hinterextremität gebildeten
Winkel des eingangs beschriebenen Individuums von Kapfelberg
liegen zahlreiche kleine knötchenartige Gebilde, die ohne
Zweifel als Hautverknöcherungen zu deuten sind, ebenso läßt sich
auf dem proximalen Abschnitt der Tibia inmitten solcher Knötchen
eine einzelne größere Verknöcherung wahrnehmen und weiter sehen
wir zwischen dem distalen Teil der Tibia und Fibula, sowie auf
der letzteren und seitlich von derselben außer Knötchen auch
gestreckte, die Gestalt kleiner Stäbchen annehmende Verknöche-
rungen. Ebenso bemerkt man etwas größere Tuberkeln innerhalb vom rechten Oberschenkel und Unterschenkel direkt oberhalb
der Bruchstelle. An den übrigen Körperregionen dieses Indi-
duums habe ich nur undeutliche Spuren weiterer Hautverknöcherungen beobachten können. Ich habe deshalb noch die übrigen
Exemplare unserer Sammlung durchmustert und konnte solche
an verschiedenen derselben nachweisen. So weist das Original-
exemplar von Zittels Homoeosaurus pulchellus, das seine
Bauchseite dem Beschauer zeigt, zwischen den Bauchrippen
der Präsakralgegend ein dichtes Pflaster kleiner knöt-
chenartiger Anschwellungen auf. Dieselben besitzen mehr
oder weniger die nämliche Größe, indessen liegen vereinzelt besonders links an der Körperflanke auch verschiedene größere
Ossifikationen.

Ein schönes als Homoeosaurus brevipes Zittel non H. v. M.
(Nr. 1887, VI. 2) bestimmtes Individuum, welches sich von der
Dorsalseite repräsentiert, läßt bereits auf dem Schädeldach
(namentlich auf seiner rechten Hälfte), und dann weiter oberhalb
der Halswirbel und des Brustgürtels auf den Rückenwirbeln,
und soweit die Präparation das Stück intakt ließ, über den
Querfortsätzen und Rippen bis zur Beckengegend ein ähnlich
dichtes Pflaster von kleinen Tuberkeln wie H. pulchellus auf der
Bauchseite erkennen.

Bei einem 3. die Bauchseite zeigenden Stück von Homoeosaurus (34. I. 1911 der Münchner Sammlung) findet sich beiderseits auf dem Oberarm und teilweise noch auf dem Unterarm ein
Pflaster größerer rundlicher bis halbkugeliger Hautverknöche-

rungen. Dieselben lassen eine gewisse reihenweise Anordnung erkennen, die größten liegen ungefähr in der Mitte des Humerus; gegen den Unterarm zu werden sie schwächer, ebenso gegen den Schultergürtel hin. Sie sind also hier auf der Ventralseite der Vorderextremität am stärksten ausgebildet und mit freiem Auge deutlich sichtbar. Ihre stärkere Entwicklung an dieser Stelle ist vielleicht ein Geschlechtsmerkmal. In ihrer Gestalt erinnern diese Gebilde an die auf der Unterseite des Fußes von Testudo entwickelten Ossifikationen der Haut.

Ebenso zeigen auch die anderen Homoeosaurier unserer Sammlung wie die mir von Herrn Geheimrat Pompeckj in Berlin freundlichst überschickten Angehörigen der Gattung fast alle mehr oder weniger deutliche Überbleibsel der einstigen Bekleidung mit solchen Ossifikationen. Eines der Berliner Stücke ist besonders deshalb beachtenswert, weil es deutlich zeigt, daß sie sich auch auf die Schwanzregion erstreckt haben.

Auf Grund dieser Beobachtungen können wir den Schluß ziehen, daß Homoeosaurus im Gegensatz zu der beschuppten Hatteria am ganzen Körper ein dichtes Kleid von Hautverknöcherungen besaß.

Struckmann[1]) bemerkte auf der Gesteinsplatte seines Homoeosaurus Maximiliani aus dem Kimmeridge von Ahlem bei Hannover einige tiefschwarze, etwa 1 mm breite und ebenso lange Schüppchen, von denen er annimmt, daß die Haut damit bedeckt war.

An dem mir gütigst von der Direktion des Provinzialmuseums in Hannover geliehenen Originale Struckmanns kann ich die betreffenden Schüppchen nicht mehr auffinden, sie dürften vermutlich bei der Präparation des Stücks, die, wie Struckmann schreibt, eine mühsame war, verloren gegangen sein. Vermutlich hat es sich dabei um angeschwemmte Schüppchen eines Ganoidfisches gehandelt. Dagegen sind ähnliche Hautverknöcherungen, wie die vorher beschriebenen, deutlich sowohl auf der Außenseite, wie auf der Innenseite des rechten Hinterfußes erkennbar, an der letzten Stelle zwischen Fuß und Schwanz einige größere, halbkugelartige Gebilde sogar mit unbewaffnetem Auge. Die han-

---

[1]) C. Struckmann, Notiz über das Vorkommen von Homoeosaurus Maximiliani H. v. M. in den Kimmeridgebildungen von Ahlem unweit Hannover. Zeitschr. der deutschen geol. Gesellschaft, 25., 1873, S. 253.

noversche Form hat also offenbar die gleiche Hautbekleidung
gehabt wie die fränkischen Vertreter der Gattung (Taf. 9, Fig. 1).

In den vorausgehenden Zeilen ist die schon oft betonte nahe
Verwandtschaft von Homoeosaurus mit Sphenodon (Hatteria) immer wieder zum Ausdruck gebracht worden. Die be-
stehenden Unterschiede der beiden Gattungen sind nicht
sehr viele: Der kleinere Homoeosaurus besitzt gegenüber den
25 präsakralen Wirbeln von Hatteria nur deren 24; die Rippen
an den „Lenden"wirbeln, den Schwanzwirbeln und den beiden
Sakralwirbeln, von welch letzteren die 2. Rippe gegabelt ist, sind
von den Wirbelkörpern noch durch Naht getrennt. Den Rippen
fehlen die Processus uncinati, die Scapula besitzt kein typisches Acromion, der Dorsalabschnitt des längeren Iliums ist stärker kaudalwärts geneigt; die Verknöcherung der Intercentra greift gegenüber Hatteria in der Schwanzregion über die Haemapophysen
hinaus und die Körperbedeckung bestand nicht aus Schuppen wie
bei Hatteria, sondern aus einem dichten Kleid von knötchenartigen Hautverknöcherungen.

Über die Abgrenzung der Arten von Homoeosaurus.

In der vorliegenden Untersuchung soll nicht zu der Abgrenzung der einzelnen Arten von Homoeosaurus näher Stellung
genommen werden. Bei den großen Unterschieden in der
Länge des Rumpfes und der Extremitäten, welche bei
den männlichen und weiblichen Individuen einer Art innerhalb der Lacertilier bestehen können, dürfte auf diese Frage
wohl eigentlich erst einzugehen sein, wenn eine Untersuchung in
dieser Hinsicht bei Hatteria von einer genügend großen Anzahl
von Männchen und Weibchen vorliegt.

H. v. Meyer hat außer H. Maximiliani noch H. macrodactylus unterschieden, eine ausführliche Begründung der Trennung
dieser beiden Arten ist in der Arbeit über H. Maximiliani gegeben[1]), die hauptsächlich in der Größe des Fußes gegenüber
Oberschenkel und Unterschenkel bei der letzten Spezies beruhen
soll. Außerdem hielt H. v. Meyer auch an der Selbständigkeit

---

[1]) Homoeosaurus Maximiliani etc. Palaeontographica 15, 1866, S. 55.

Vergleichende Maß-Tabelle der mir zur
der Gattung

Gruppe des H. Maximiliani:

Formen bei denen die ausgestreckte Vorderextremität die Beckengegend erreicht.

	H. Maximiliani H. v. M. I [1]	H. Maximiliani H. v. M. II [2]	H. macrodacty- lus H. v. M. [3]	Berlin I [4]
Schädellänge	22	22	22	
Länge des Oberarms	15	19	15	21
„ „ Unterarms	12	15	11	17
„ „ 4. Metacarpale	4	5	5	6
„ „ 4. Fingers	9	10	11	11
„ „ Oberschenkels	21	23	20.5	26
„ „ Unterschenkels	17	20	18.5	22
„ „ 4. Metatarsale	9	10	10	
„ „ 4. Zehe	13.5	11.5	12	
„ „ Skeletts vom Schädel bis zur Becken- gegend	86	90	ca. 75	

Die Maße sind in mm! Mit Ausnahme von H. brevipes H. v. M. sind die der Münchner Sammlung das Original von H. Maximiliani zu v. Ammon von

[1] Original zu H. v. Meyer: l. c., S. 101, T. XI, Fig. 4. Fundort: Eichstädt.
[2] Original zu H. v. Meyer: Paläontographica 15. 1866, T. X, Fig. 3. Fund
[3] Original zu H. v. Meyer: l. c., S. 103, T. XI, Fig. 5. Fundort: Kelheim.
[4] Berliner Exemplar mit unvollständigem Schädel, in Seitenlage. Größtes zont: Unter. Portland. Berliner Sammlung.
[5] Homoeosaurus (Ardeosaurus) brevipes H. v. M. Maße nach den Angaben städt. Horizont: Unt. Portland.
[6] Münchner Erwerbung 1923 wohl ident. mit Homoeosaurus brevipes H.
[7] Münchner Erwerbung 1887. VI. 2, von Zittel als brevipes bestimmt.
[8] Berliner Exemplar, auf Gipsunterlage, wohl ident. mit H. brevipes Zittel
[9] Münchner Erwerbung 1922. I. 15 wohl ident. mit H. brevipes Zittel non
[10] Original zu Zittel: Handbuch III, S. 589, Fig. 526. Fundort: Kelheim.
[11] Berliner Exemplar. Platte und Gegenplatte, wohl ident. mit H. pulchel
[12] Münchner Erwerbung 34. I. 11, wohl ident. mit H. pulchellus Zittel.
[13] Original von H. Maximiliani Struckmann Zeitschr. d. geol. Gesellsch. Angaben Struckmanns) = H. Struckmanni spec. nov. Fundort: Ahlem Mittl.

Zu der „Maximiliani-Gruppe“ gehört noch H. Jourdani Lortet und vielleicht H. neptunius Goldf. (Jugendexemplar) von Daiting, Unt. Portland.

Zu der „brevipes-Gruppe“ gehört noch? H. digitatellus Grier von

Untersuchung vorliegenden Individuen
Homoeosaurus.
Gruppe des H. brevipes:
Formen bei denen die ausgestreckte Vorderextremität die Beckengegend nicht
erreicht.

H. brevipes H. v. M.[5]	München 23[6]	H. brevipes Zittel n. H. v. M.[7]	Berlin II[8]	München 1922 I. 15[9]	H. pulchellus Zittel[10]	Berlin III[11]	München 31 I 11[12]	H. Maximiliani Struckmann n. H. v. M. = Struckmanni n. sp.[13]
15.5	16	23	20	26	23	30	ca. 21	30
6	8	11.5	14	12.5	15	15	ca. 15	15 (18)
4	6	8	9	9	11	12	10	13 (14)
	ca. 3	4		4.5	4.5	5		
	ca. 6	8.3		9		11.5		
9.5	10	17	17	17.5	20	23	18.5	23 (26)
6	7	13	14.5	13	17	17	15	19
3	4	8.5	10		11	12		ca. 12
10	ca. 10	ca. 12	15		17.5			
ca. 57	ca. 73	97	92	104	108	ca. 128	105	ca. 135

12 Individuen mir zur Untersuchung vorgelegen. Außerdem befindet sich in
Kelheim und ein weiteres als H. Maximiliani bestimmtes Exemplar von Solnhofen.

Horizont: Unt. Portland. Münchner Sammlung.
ort: Kelheim. Horizont: Unt. Portland. Münchner Sammlung.
Horizont: Unt. Portland. Münchner Sammlung.
mir bekanntes Exemplar der Maximiliani-Gruppe. Fundort: Kapfelberg. Hori-

H. v. Meyers und seiner Figur 4 auf Tafel XII. Fundort: Workerszell bei Eich-

v. Meyer. Fundort: Solnhofen. Horizont: Unt. Portland. Münchner Sammlung.
Fundort: Solnhofen. Horizont: Unt. Portland. Münchner Sammlung.
non H. v. M. Fundort: Kapfelberg. Horizont: Unt. Portland. Berliner Sammlung.
H. v. M. Fundort: Kapfelberg. Horizont: Unt. Portland. Münchner Sammlung.
Horizont: Unter. Portland. Münchner Sammlung.
lus Zittel. Fundort: Kapfelberg. Horizont Unt. Portland. Berliner Sammlung.
Fundort: Painten bei Kelheim. Horizont: Unt. Portland. Münchner Sammlung.
25. 1873. S. 251. T. 7. Fig. 1. (Die eingeklammerten Zahlen beziehen sich auf die
Kimmeridge Provinzialmuseum Hannover.
von Cerin, Ob. Kimmeridge, H. Rhodani Lortet von Cerin, Ob. Kimmeridge,

Solnhofen. Unt. Portland.

von H. neptunius Goldfuss fest, selbst wenn es sich dabei um
einen Jugendzustand handeln sollte[1]). Im Gegensatz dazu ist
L. v. Ammon[2]) geneigt, H. macrodactylus mit H. Maximiliani zu
vereinigen und H. neptunius als Jugendexemplar der gleichen
Art aufzufassen. K. v. Zittel[3]) nennt nur H. Maximiliani und
neptunius und bildet dabei, ohne eine weitere Diagnose zu geben,
die neue Art: Homoeosaurus pulchellus ab. Im Anschluß an
Homoeosaurus nennt er ? Ardeosaurus H. v. Meyer, eine Gattung,
die sich nach diesem Autor von Homoeosaurus durch die spitzere
Schädelform und die kürzeren Extremitäten unterscheiden soll.
Zittel war anscheinend geneigt, und ich schließe mich ihm
darin an, Ardeosaurus als ident mit Homoeosaurus zu betrachten (wie das ursprünglich auch die Meinung H. v. Meyers
war) — dafür spricht das ? vor Ardeosaurus sowie der Umstand,
daß eine von der Staatssammlung gekaufte Form, welche in den
vorausgehenden Zeilen öfter genannt wurde, direkt von ihm als
Homoeosaurus und nicht Ardeosaurus brevipes bestimmt wurde.

Dieser brevipes Zittel (Nr. 1887, VI. 2) ist, wie aus der
beigegebenen Tabelle ersichtlich ist, beträchtlich größer als das
Original H. v. Meyers, von dem ich die Maße dem Texte und der
Abbildung entnommen habe[4]), nachdem ich nicht in Erfahrung
bringen konnte, wo sich das Original selbst befindet. In der Tat
besteht bei beiden zwischen Ober- und Unterarm ähnliche Pro-
portion (ca. 3 : 2) und, was wichtiger ist, die Zahl der präsakralen Wirbel beträgt bei dem Meyerschen Originale 24, ist
also die gleiche, die oben für H. brevipes Zittel der Münchner
Sammlung und verschiedene andere Arten der Gattung Homoeosaurus angegeben wurde. Die Vermutung v. Zittels, daß Ardeosaurus ident mit Homoeosaurus sei, dürfte deshalb viel
für sich haben, zumal bei diesem Geschlecht ebenso ein Scheitelloch ausgebildet ist wie bei Ardeosaurus, welche Eigenschaft nach
H. v. Meyer gleichfalls ein spezielles Merkmal für die letztere

---

[1]) Fauna der Vorwelt. Reptilien a. d. lithograph. Schiefer des Jura etc.
1860, S. 106.

[2]) L. v. Ammon, Über Homoeosaurus Maximiliani. Abhandl. d. k.
b. Akad. d. Wiss, II. Kl., XV. Bd., II. Abt., 1885, S. 500.

[3]) Handbuch der Paläontologie III, 1887—90, S. 590.

[4]) Fauna der Vorwelt, l. c., S. 108.

Gattung sein sollte. Ob freilich beide Stücke die gleiche Art
repräsentieren, wie v. Zittel meint, wage ich nicht zu entscheiden,
da die Originalfigur bei H. v. Meyer anscheinend einem ausgewachsenen Individuum angehört und nicht einer Jugendform, wie
wohl v. Zittel vermutete.

Was die spezifische Zugehörigkeit des neuen Fundes von
Kapfelberg anlangt, von dem die vorausgehenden Untersuchungen
ihren Ausgang genommen haben, so glaube ich diesen Homoeosaurus auf Grund der aus der Tabelle ersichtlichen Maße eben
mit jener durch v. Zittel als Homoeosaurus brevipes bezeichneten
Form identifizieren zu dürfen, die ich mit Bezug auf die ausge-
sprochenen Bedenken: H. brevipes Zittel n. H. v. M. bezeichnen will.

Wie sehr die Proportionen von Oberarm und Unterarm
und Oberschenkel und Unterschenkel allein irre führen
können, zeigt das in Platte und Gegenplatte vorliegende Berliner Exemplar (B III) der Tabelle. Dasselbe deckt sich hinsichtlich der Maßzahlen von Oberarm und Unterarm vollständig
mit jenen vom Individuum Nr. I von H. Maximiliani, der Oberschenkel ist allerdings etwas gestreckter, dagegen haben die Unterschenkel beider Formen die nämlichen Dimensionen. Dabei handelt
es sich aber, wie aus der Tabelle an der Länge des Skeletts von
der Schnauzenspitze bis zur Beckengegend ersichtlich ist, bei
diesem Berliner Homoeosaurus um ein beträchtlich größeres Tier,
wie jener zum Vergleiche herangezogene H. Maximiliani. Der
hervorstechendste Unterschied liegt aber außerdem in dem Verhältnisse der Länge der Vorderextremitäten zum Rumpf.
Bei beiden mir zum Vergleiche vorliegenden Originalstücken
H. v. Meyers zu H. Maximiliani erstreckt sich nämlich die ausgestreckte Vorderextremität bis in die Beckengegend,
bei dem Berliner Exemplar hingegen reicht sie ungefähr bis zum
hinteren Drittel des Rumpfes, sie ist also relativ beträchtlich kürzer wie jene.

Bei der Abgrenzung der verschiedenen Arten von Homoeosaurus wird also dem Merkmal: dem Verhältnisse der Länge
der Vorderextremität zur Länge des Rumpfes besonders
Rechnung getragen werden müssen, und wenn wir hier auf
diese Frage nur kurz eingehen wollen, so können wir auf Grund
des Merkmals zwei Gruppen auseinander halten: Die Homoeo-

saurus Maximiliani-Gruppe und die Homoeosaurus brevipes-
Gruppe. Erstere umfaßt jene Arten, bei denen die ausgestreckte Vorderextremität die Beckengegend erreicht,
also Formen mit relativ großer Vorderextremität, letztere die
Arten mit kürzerer Vorderextremität, bei denen dieselbe
im ausgestreckten Zustande nicht bis zur Beckengegend
sich erstreckt.

Zu der ersteren gehören Homoeosaurus Maximiliani H. v. M.,
macrodactylus H. v. M., H. Jourdani Lortet, H. Rhodani Lortet[1])
und vielleicht H. neptunius Goldf., auf die letztere entfallen
Homoeosaurus brevipes H. v. M., H. brevipes Zittel n. H. v. M.,
H. pulchellus Zittel und H. digitatellus Grier.

Dieser H. brevipes-Gruppe ist demnach auch das oben er-
wähnte Berliner Stück B III anzureihen, das im übrigen, abgesehen von dem noch zu besprechenden H. Maximiliani Struckmann, hinsichtlich der Länge des Skeletts bis zur Beckengegend
der größte der mir vorliegenden Homoeosaurier ist. — Mit seinem
gestreckten vorderen Körperabschnitt und in Hinblick auf das Verhältnis von Oberarm-Unterarm und Oberschenkel-Unterschenkel
steht dieses Individuum H. pulchellus Zittel am nächsten.

Mit H. pulchellus direkt zu identifizieren ist jener mit einem
Stück Treibholz eingebettete Rest von Painten bei Kelheim (34.
I. 1911 der Münchner Sammlung); seine präsakrale Körperregion
ist von annähernd der gleichen Größe wie das von demselben
Fundort herrührende Original Zittels, die Dimensionen des Oberarms und Unterarms sind beinahe die nämlichen, die Hinterextremität des neuen Fundes ist zwar etwas kleiner, die Proportionen
von Oberschenkel und Unterschenkel sind aber fast dieselben wie
bei dem Typus.

Das andere Berliner Exemplar (B II der Tabelle) schließt
sich näher an H. brevipes Zittel n. H. v. M. und dem damit
vereinigten neuen Fund von Kapfelberg der Münchner Sammlung
an, sein präsakraler Körperabschnitt ist allerdings kürzer und die
Extremitäten, namentlich die vordere dabei relativ länger, so daß
die Körperform als Ganzes viel stämmiger erscheint (vielleicht
Geschlechtsunterschied?).

---

[1]) Das Ende der Vorderextremität bei dieser unvollständig erhaltenen
Form ist noch sichtbar.

Der dritte Homoeosaurus der Berliner Sammlung (B I) endlich, welcher in seinen einzelnen Regionen stark disloziert ist,
gehört auf Grund des Verhältnisses der Länge der Vorderextremität zur präsakralen Rumpflänge der Maximiliani-Gruppe an.
Es handelt sich dabei um den größten mir bekannten Vertreter
dieser Formenreihe.

Die Neuerwerbung der Münchner Sammlung von 1923 dürfte,
obwohl sie etwas größer ist, mit dem H. brevipes H. v. M.-Typus
nahe verwandt, vermutlich sogar identisch sein. Die Proportionen
der auffallend kleinen Vorderextremitäten, sowie diejenigen der
Hinterextremitäten stimmen, soweit sie sich feststellen ließen, bei
beiden Funden überein.

Es erübrigt sich noch auf die durch Struckmann als Homoeosaurus Maximiliani beschriebene Form Bezug zu nehmen,
den größten mir bekannten Rest der Gattung überhaupt.
Bei ihm reichen die ausgestreckten Vorderbeine nur bis zum
hinteren Drittel des Rumpfes, es liegt demnach in diesem Funde
aus dem Mittel-Kimmeridge von Ahlem nicht ein Vertreter der Maximiliani-Gruppe, sondern ein solcher aus der brevipes-Gruppe vor.

Nachdem es sich außerdem bei dem Hannoverschen Rest um
einen tiefen Horizont des oberen Jura handelt — der typische Maximiliani läßt sich bis jetzt nur im unteren Portland von Franken
feststellen —, so glaube ich, daß hier eine andere Art vorliegt, und
nenne dieselbe zum Gedächtnis an den so ausgezeichneten Kenner
des nordwestdeutschen Jura **Homoeosaurus Struckmanni spec. nov.**

Inwieweit innerhalb der Maximiliani- und brevipes-Gruppe
der Gattung Homoeosaurus die verschiedenen oben angeführten
„Arten" aber als berechtigt sich aufrecht erhalten lassen, dürfte
erst dann festzustellen zu sein, wenn einmal die Maße einer größeren
Anzahl von männlichen und weiblichen ausgewachsenen und jugendlichen Individuen der Gattung Hatteria vorliegen.

Über die wahrscheinliche Lebensweise und das Aussehen von Homoeosaurus (Tafel 3, Tafel 9 Figur 2).

Interesse beanspruchen auch Reste der aufgenommenen
Nahrung, welche sich bei Homoeosaurus brevipes Zittel n.
H. v. M. (Nr. 1887, VI. 2) der Münchner Sammlung erhalten
haben. Dieselben befinden sich auf der rechten Körperseite im

hinteren Teile des Rumpfes; hier liegt über den Außenenden von
4 Mittelstücken von Bauchrippen und teilweise noch bedeckt von
Rumpfrippen und dorsalen Hautverknöcherungen ein Bündel dicht
aneinander liegender stäbchenartiger Gebilde, welche die gleiche
braune Farbe wie die knöchernen und übrigen Bildungen unseres
Homoeosaurus-Skeletts aufweisen; einzelne derselben erreichen eine
Länge von 2¹/₂ mm, etliche sind etwas stärker wie die andern
und bei zwei oder vielleicht drei kann man eine Teilung erkennen.
Um etwas anderes als um Teile von Fischflossen dürfte es
sich dabei kaum handeln können. Bei einem der Berliner Exemplare (Berlin III) liegen von dem rechten hinteren Maulwinkel
ausgehend Fischschuppen, ? Wirbelreste und Flossenteile, es handelt
sich dabei wohl um ausgespuckte Reste. Bei dieser Gelegenheit
möchte ich auch auf eine Arbeit von Eastman[1]) hinweisen,
welcher aus den gleichen Ablagerungen von Solnhofen zwei
Fische, einen Belonostomus und einen Oenoscopus beschreibt,
von denen jeder einen kleinen Homoeosaurus verschluckt hat.
Diese Angelegenheit beruhte also auf Gegenseitigkeit.

Homoeosaurus war ein Festlandbewohner und dürfte im
übrigen eine ganz ähnliche Lebensweise wie die rezente Hatteria
geführt und wie diese auch sehr gern das Wasser aufgesucht[2])
und dort gelegentlich seine Beute geholt haben, bezüglich deren
er wohl ebenso wenig wählerisch wie jene war, welche lebende
Tiere aller Art fängt. Bei seinen Beutezügen in das feuchte
Element dürfte dann der eine oder andere, wie die Angabe von
Eastman zeigt, auch größeren Fischen zum Opfer gefallen sein.
Auf Grund des in den wesentlichen Merkmalen mit Hatteria
gleichartigen Knochenbaues war der Gattung Homoeosaurus am
Lande wohl eine träge langsame Bewegungsart eigentümlich, wobei
der Bauch und der Schwanz den Boden berührte.

Im äußeren Aussehen freilich bestand ein Unterschied
zwischen dem kleineren Homoeosaurus und seiner Neuseeländischen
Verwandten, welche 2¹/₂ Fuß lang werden kann, während das
größte der mir vorliegenden Homoeosaurus-Individuen nur eine

---

[1]) C. R. Eastman, Jurassic Saurian remains ingested within fish.
Annals of the Carnegie-Museum, 8, 1, 1911, S. 182—87, T. I und II.

[2]) H. Gadow, Amphibia and Reptiles (Cambridge Natural History VIII),
London 1901.

Länge von 28 cm erreicht. Hatteria besitzt einen Rückenkamm kleiner aufstellbarer Dornen mit Hornscheiden, ihre Bauchseite ist von in Querreihen angeordneten Schuppen bedeckt, der übrige Teil des Körpers granuliert. Bei unserm Homoeosaurus lassen sich keine Spuren eines Rückenkamms und von Schuppen feststellen, hingegen war der ganze Körper vom Kopf beginnend, sowohl Rücken wie Bauchseite mit einem dichten Pflaster kleiner Hautverknöcherungen überzogen. Die kräftigste Ausbildung haben dieselben an einem Individuum (34. I. 1911 der Münchner Sammlung, Tafel 8) auf der Rückseite des Oberarms und Unterarms erfahren. Ob dieses Merkmal allen Tieren gemeinsam ist, oder ob es sich vielleicht um geschlechtliche Merkmale handelt, läßt sich nicht entscheiden.

Das geologische Vorkommen der Gattung Homoeosaurus.

Das Vorkommen der Gattung Homoeosaurus, der auf Grund seiner Organisation ein Festlandsbewohner war, verteilt sich auf den oberen Jura von Franken, Ahlem bei Hannover und Cerin im Department Ain, an dem Ufer der Rhône unweit der kleinen Stadt Serrières de Briord. Was unsere fränkischen Funde anlangt, so stammen sie alle aus den Plattenkalken der Zone der Oppelia lithographica des oberen Malm, und zwar von den 13 mir zur Untersuchung vorliegenden Stücken aus den Sammlungen von Berlin und München, deren Fundorte sicher sind, nur zwei Individuen von Solnhofen und eines von Eichstädt, die übrigen 10 alle aus dem Osten des Verbreitungsgebietes der Plattenkalke, trotz der ausgedehnten Steinbruchbetriebe im ersteren Gebiet und des nur gelegentlichen Abbaus im letztern; 3 tragen als Fundortsbezeichnung: Kelheim, 2 diejenige: Painten bei Kelheim (nördlich von Kelheim) und die Reste von 5 weiteren: Kapfelberg bei Abbach, der am östlichsten gelegenen Lokalität. Demnach scheint es, daß Homoeosaurus weniger ein Bewohner der während des obersten Malm innerhalb des Gebietes eingetretenen Verlandungen[1]), welche doch auf Grund des Auftretens von marinem Obertithon

---

[1]) Schwertschlager, Die lithographischen Plattenkalke des oberen Weißjura in Bayern. München 1919.

gerade in diesem Gebiet offensichtlich nur sehr vorübergehend
waren, als des zu dieser Zeit von Osten her wieder näher her-
anrückenden böhmischen Festlandes war; auch die im Süd-
osten während des Malm nach Pompeckj[1]) vielleicht ganz über-
flutete „Vindelicische Insel" dürfte am Schlusse der Malmzeit teilweise wieder von Meeresbedeckung frei und ein Ausgangsgebiet
für Homoeosaurus gewesen sein. Auch die unreine, viele Bei-
mengungen enthaltende petrographische Beschaffenheit der
Kapfelberger und Kelheimer Plattenkalke, die sich gegenüber
den reinen Solnhofer Platten nicht zu Lithographiesteinen mehr
eignen, spricht für größere Festlandsnähe.

Gegenüber diesem fränkischen Vorkommen ist jenes von
Ahlem bei Hannover das zeitliche ältere, obschon Struckmann[2]) seine da gefundene Form mit dem geologisch jüngeren
Homoeosaurus Maximiliani identifiziert hat. Struckmann deutete
das Alter der betreffenden Schichten als Pteroceras-Schichten:
Mittel-Kimmeridge, die an dieser Stelle als „weißer fein
oolithischer Kalkstein" ausgebildet sind. Unter den Homoeosaurus begleitenden Evertebratenresten nennt Struckmann auch
Cyrena rugosa, zu welcher im oberen Kimmeridge bei Echte
in sandigen Ablagerungen nach E. Kayser[3]) noch weitere Brak-
und auch Süßwasserconchylien kommen. Also auch an diesem
Fundort dürfte die Heimat des Homoeosaurus, das Festland, das
niedersächsische Ufer nicht weit entfernt gewesen sein,
welches bereits während des oberen Jura von tektonischen Be-
wegungen erfaßt wurde[4])[5]).

Bei Cerin im Dept. Ain handelt es sich um jene berühmte

---

[1]) J. F. Pompeckj, Die Jura-Ablagerungen zwischen Regensburg und
Regenstauf. Geognost. Jahreshefte 14, 1901, S. 70.

[2]) C. Struckmann, Über das Vorkommen von Homoeosaurus Maximiliani etc. Zeitschr. d. d. geol. Gesellsch. 25, 1873, S. 249.

[3]) Em. Kayser, Lehrbuch der geol. Formationskunde II, 6. und 7. Auf-
lage, 1924, S. 72, Anm.

[4]) H. Stille, Die kimmerische (vorkretacische) Phase der saxonischen
Faltung des deutschen Bodens. Geol. Rundschau IV, 1913, S. 373.

[5]) Außerdem erwähnt Schöndorf in den Asphaltgruben südlich von
Ahlem über den Pteroceras-Schichten ein typisches Abrasionskonglomerat.
Vierter Jahresbericht des niedersächs. geol. Vereins. Hannover 1911, S. 121
(die Stratigraphie und Tektonik des Asphaltvorkommens von Hannover).

Örtlichkeit, an welcher seit langem in Plattenkalken, welche von ähnlicher Beschaffenheit wie jene in Solnhofen sind und ebenso als Lithographiesteine Verwendung fanden (— die Brüche sind nach Lortet[1]) schon seit geraumer Zeit aufgelassen —), neben anderen wundervolle Fisch- und Reptilreste gefunden wurden. Trotz der nahen Verwandtschaft dieser Fauna mit den fränkischen Vorkommen gehört Cerin einer älteren Stufe an, Haug[2]) stellt es kurzweg in das Kimmeridgien, ohne seine Stellung innerhalb desselben genauer festzulegen, während Lapparent[3]) Cerin mit Oberem Kimmeridgien-Virgulien identifiziert, da sein Hangendes die Schichten mit Holcostephanus gigas und Natica Marcousana bilden. Auch bei Cerin, welches an dem Ostrand des französischen Zentralplateaus liegt, dürfte Festland in großer Nähe gewesen sein. Ohne auf die Frage einzugehen, bis zu welchem Grade das Zentralplateau während des oberen Jura vom Meer bedeckt war, sprechen für die Landnähe die zusammen mit jenen Wirbeltieren sich findenden Pflanzenreste, die nach Haug[4]) sehr zahlreich sein sollen.

Auf Grund dieser Feststellungen ergibt sich hinsichtlich der Altersfrage der verschiedenen Homoeosaurus-Vorkommen folgendes: 1. Ahlem das älteste: Mittel-Kimmeridge; 2. Cerin: Ober-Kimmeridge; 3. Franken: Zone der Oppelia lithographica (unteres Portland).

Herrn Geheimrat Prof. Dr. Pompeckj in Berlin sowie der Direktion des Provinzial-Museums in Hannover sei für die leihweise Überlassung von Material auch an dieser Stelle der beste Dank ausgesprochen.

Herr Geheimrat Dr. L. Döderlein hatte die große Liebenswürdigkeit, die beifolgenden photographischen Aufnahmen, die nur wenig retouchiert sind, anzufertigen; ich möchte ihm auch hier den herzlichsten Dank zum Ausdruck bringen.

[1]) Lortet, Les Reptiles fossiles du bassin du Rhône. Archives du Muséum d'Histoire naturelle de Lyon V. Lyon 1892, S. 3.
[2]) E. Haug, Traité de Géologie II, 2. Paris 1908—11, S. 1093/94.
[3]) A. de Lapparent, Traité de Géologie, 5. éd., II. Paris 1906, S. 1286/87 und 1267.
[4]) E. Haug, l. c., S. 1093 „Les végétaux sont très abondants. Ce sont des Fougères (Sphenopteris, Scleropteris) des Zamiées (Zamia Feneonis), des Conifères (Widdringtonites, Brachyphyllum)."

Tafel-Erklärungen.

Tafel 1.

Homoeosaurus brevipes Zittel non H. v. M. Kapfelberg bei Abbach. (15. I. 1922 Münchner Sammlung). Das Tier zeigt dem Beschauer die Bauchseite.

E. Episternum. Cl. Clavicula. Sc. Scapula. Co. Coracoid. Sp. Fo. supracoracoideum. St.: Reste des knorpeligen Sternum in Gestalt einer auf der rechten Körperhälfte deutlich umgrenzten dicht granulierten Fläche. Ebenso sind rechts Knorpelreste in dem Winkel zwischen Clavicula und Scapula erkennbar. H. Humerus. Et. Fo. entepicondyloideum. Ec. Foramen ectepicondyloideum. R. Radius. U. Ulna. I—V Metacarpalia. I'—V' Finger. Il. Ilium. Pb. Pubis. Fo. Foramen obturatorium. Is. Ischium. Fe. Femur. Ti. Tibia. Fi. Fibula.

I. Intercentra. H. R. Halsrippen. R. Rumpfrippen. V. R. Knorpeliger Abschnitt der Rumpfrippen. L. R. „Lenden"-Rippe. 2 S. R. 2. Sakralrippe. G. Gastralrippen.

Das Stück ist $1^1/_2 \times$ vergrößert.

Tafel 2.

Figur I. Homoeosaurus brevipes Zittel non H. v. M. Der vergrößerte Schädel und Halsgegend des auf Tafel 1 abgebildeten Individuums. Bo. Basioccipitale. Bs. Basisphenoid. P. Parasphenoidfortsatz. EO. Exoccipitale. Op. Opisthoticum. St. Rest des Stapes. IQ. Einschnitt im linken hinteren Flügel des Pterygoids zur Aufnahme des nicht mehr erhaltenen vorderen Astes des Quadratum. Q. Ein Teil der Gelenkfläche des rechten Quadratum. Qj. Auflagerungsfläche des nicht mehr erhaltenen Quadratojugale. Sq. Squamosum. Pt. Pterygoid. Pa. Palatin. Tr. Transversum. Ch. Choane a. V. ? Rest des Vomer. Mx. Maxillare. Pmx. Praemaxillare. Z. quergestellte Zähne auf Maxillare und die Rodentier ähnlichen Schneidezähne auf dem Praemaxillare. Den Außenrand des linken Palatins entlang die Reihe der Unterkiefer-Zähne im Abdruck G.

Die Palatinzähne Z. selbst sind angedeutet. D. der dem Schädel angepreßte rechte Unterkieferrest, dessen Hinterende zerbrochen ist.

Ic$_1$. Intercentrum des Atlas. I. Intercentrum. H. R. Halsrippen.

Figur 2. Homoeosaurus brevipes Zittel non H. v. M. Das Becken des auf Tafel 1 abgebildeten Stückes.

Pb. Pubis mit Fo. obt. Fo. Is. Ischium. Il. Ilium. A. der acetabulare Abschnitt des Ilium. F. Gelenkfläche desselben mit den übrigen Beckenelementen. G. Bauchrippen. LR. „Lenden"rippe. Die Naht der Rippe ist deutlich sichtbar. 1. SR. 1. Sakralrippe. 2. SR. 2. Sakralrippe. CR. Caudalrippe. (Naht ist deutlich sichtbar.) Ic. Intercentrum.

Mehr als 2 × vergrößert.

Tafel 3.

Homoeosaurus brevipes Zittel non H. v. M. 1887. VI. 2. Painten bei Kelheim.

Original zu A. Rothpletz. Abhandl. d. k. b. Akad. d. Wissensch. II. Kl. 24, Bd. II. Abt. 1909, S. 319 und 334, T. I, Fig. 5. Schädel mit Rumpf, welcher seine Rückenansicht dem Beschauer zeigt.

N. Nasenöffnung. O. Augenöffnung, in welcher links und rechts einige Zähne Z. des Unterkiefers sichtbar werden. S. Schläfenöffnung. F. Frontale PF. Postfrontale. F. p. (die Hinweislinie ist auf dem Bilde übersehen worden!) Foramen parietale, direkt hinter F sichtbar. V. R. Knorpeliger Abschnitt der Rippe. Il. Ilium. Pb. Pubis. 1. SR., 2. SR. erste und zweite Sakralrippe.

Auf der rechten hinteren Rumpfhälfte werden, teilweise noch von Hautverknöcherungen und Rumpfrippen bedeckt, Teile von aufgenommener Nahrung: Bündel von zerbrochenen Fischflossen sichtbar. Fi.

Auf dem Schädel, der Halsregion und dem Rumpf sind allenthalben knötchenartige Hautverknöcherungen D erkennbar.

A. Abdruck des ursprünglich an dieser Stelle gelegenen Tieres. Vgl. Anmerkung (2) S. 100.

Das Stück ist um ca. das Doppelte vergrößert.

Tafel 4.

Homoeosaurus macrodactylus Wagner. Kelheim. Nr. 1873, III der Münchner Sammlung. Original zu A. Wagner, Abhandl. d. k. b. Akad. d. Wissensch. II. Kl., VI. Bd., III. Abtl. 1852, T. 18 und H. v. Meyer, Fauna d. Vorwelt etc. T. XI, Fig. 5. Der Rumpf und der Schwanz von der Bauchseite.

Pb. das unvollständig erhaltene Pubis. Fe. Femur. Ti. Tibia. Fi. Fibula. T. p. das proximale Tarsale, eine Sutur zwischen Tibiale und Fibulare ist nicht mit Sicherheit zu sehen, die distale Reihe des Tarsus ist undeutlich. I—V Metatarsus. I'—V' Finger bezw. Zehen. CV. die durch eine Quernaht geteilten Schwanzwirbel.

Ca. 1¹/2 × vergrößert.

Tafel 5.

Homoeosaurus ? brevipes Zittel non H. v. M. Berlin. (Berlin II der Tabelle) von Kapfelberg. Hinterextremitäten und Schwanz von der Bauchseite. 1. SR. und 2. SR. 1. und 2. Sakralrippe.

H. Haemapophysen. Fe. Femur. Fi. Fibula. Ti. Tibia. Fib. Fibulare.
Tib. Tibiale; zwischen beiden letzteren scheint ein durch eine vom Fibulare
ausgehende Sutur abgetrenntes selbständiges Intermedium x entwickelt zu
sein. Man kann diese Sutur auf beiden proximalen Stücken des Tarsus erkennen. I'—V' die Zehen.

Mehr als 2 × vergrößert.

Tafel 6.

Homoeosaurus sp. Zur „Maximiliani-Gruppe" gehörig. Kapfelberg.
Berliner Museum (Berlin I der Tabelle). Das Stück befindet sich in Seiten-
lage und ist stark disloziert; die rechte Vorderextremität liegt quer über
und unter der rechten Hinterextremität und der Beckengegend. H. Humerus·
R. Radius. U. Ulna. Fe. Femur. Fi. Fibula. Ti. Tibia. Fib. Fibulare.
Tib. Tibiale. I'—V' Finger bzw. Zehen.

An dem dislozierten Schultergürtel ist das Episternum E sehr gut
zu sehen, ebenso auch der Bauchrippenapparat G.

Il. Ilium. Is. Ischium. I. Intercentrum zwischen dem 1. und 2. Schwanzwirbel; unterhalb des 2. und 3. sowie des 3. und 4. Schwanzwirbels die heraus-
gedrückten Intercentra und die mit ihnen vereinigten Haemapophysen Ha.
C. V. die durch Sutur quergeteilten hinteren Schwanzwirbel.

Das Stück ist nur schwach vergrößert.

Tafel 7.

Homoeosaurus pulchellus Zittel. Painten bei Kelheim. Die
Lenden- und Beckenregion mit der Hinterextremität vom Original zu Zittel
(Handbuch, Bd. III, Fig. 526, S. 589 und Zittel-Broili: Grundzüge IX. Verte-
brata Fig. 353, S. 249). Exemplar zeigt dem Beschauer die Bauchseite.

R. Rumpfrippen. G. Bauchrippen. Pb. Pubis. Fo. Foram. obturat., das
in dem linken Pubis in einer, auf dem rechten in zwei Öffnungen austritt.
T. Tuberculum Pubis. Il. Ilium. Is. Ischium, unter dem rechten wird
die 2. Sacralrippe 2. SR. sichtbar, der die beiden Schambeine verbindende
Knorpel KP. ist deutlich zu sehen. Fe. Femur. Ti. Tibia. Fi. Fibula. Tib.
Tibiale. Fib. Fibulare mit Gefäßöffnung x; ein selbständiges Intermedium
ist hier nicht erkennbar. Am linken Tarsus sind noch 3 Tarsalia distalia
festzustellen (1, 2, 3). I—V. Metatarsalia. I'—V' Zehen.

I. Intercentra. H. Haemapophysenreste. CR. Schwanzrippen noch
durch Sutur vom Wirbelkörper getrennt.

Das Stück ist nahezu um das Doppelte vergrößert.

Tafel 8.

Homoeosaurus ?pulchellus Zittel. Painten bei Kelheim. 34. I.
1911 der Münchner Sammlung. Der Rumpf des Tieres von der Bauchseite.
Das Stück zeigt ausgezeichnet die über dem Brustgürtel und den Vorder-

extremitäten liegenden knötchenartigen Hautverknöcherungen. H. Der distale Teil des rechten Humerus mit Fo. entepicondyloideum: Et. Fe. Femur.

In der Bauchgegend sind sehr gut die knorpeligen „geringelten" Abschnitte der Rippen zu sehen: V. R.

G. Bauchrippen.

ca. $1^1/2$ × vergrößert.

Tafel 9.

Figur I. Homoeosaurus Struckmanni sp. n. Ahlem bei Hannover. Original von Struckmanns H. Maximiliani. Zeitschr. d. d. geol. Gesellsch. 25, 1873, T. VII. Rückenansicht der Beckengegend und der Hinterextremitäten. Beiderseits des rechten Hinterfußes sind etliche der knötchenartigen Hautverknöcherungen D zu sehen.

Figur 2. Homoeosaurus sp. = Homoeosaurus pulchellus Zittel von Kapfelberg. Kopf des Berliner Exemplars. (Berlin III der Tabelle) mit vom Maulwinkel ausgehenden, ausgespuckten Fischresten. O. Auge.

ca. $1^1/2$ × vergrößert.

Über die beim Magnetismus der Gase beobachtete Anomalie.

Von A. Glaser.

Vorgelegt von W. Wien in der Sitzung am 7. November 1925.

In einer früheren Arbeit[1]) war gezeigt worden, daß bei den Gasen Wasserstoff, Stickstoff und Kohlensäure die magnetische Suszeptibilität nicht proportional mit dem Drucke abnimmt, sondern, daß wider Erwarten bei jedem dieser 3 Gase bei einem bestimmten Drucke eine relative Vergrößerung des Diamagnetismus einsetzt, so daß bei tieferen Drucken eine Suszeptibilität erreicht wird, die nahe dreimal so groß ist wie die, welche man bei druckproportionaler Abnahme erwartet hätte.

Seitdem sind die Versuche auf Kohlenoxyd und Sauerstoff ausgedehnt worden. Die Versuchsanordnung war im Prinzipe die gleiche wie früher; sie weist lediglich einige technische Vervollkommnungen auf, welche einerseits die etwas mühsamen Messungen erleichtern, andrerseits Messungen bis zu 20 Atmosphären gestatten sollten.

Die Messungen am Kohlenoxyd, welches sich als diamagnetisch erwies, zeigen das analoge Bild, wie wir es bei den früheren Versuchen kennen gelernt haben. Die Resultate sind in Fig. 1 dargestellt. Große Schwierigkeiten bereitete es wirklich, reines Kohlenoxydgas herzustellen. Als Ausgangsmaterialien haben wir Oxalsäure und konzentrierte Schwefelsäure gewählt. Ein Gemisch dieser beiden Stoffe liefert, wenn man es im Sandbade erhitzt, neben dem Kohlenoxyde eine äquimolare Menge von Kohlensäure. Dies möchte an sich bedenklich erscheinen. Aber einerseits ist die Oxalsäure, da sie seit langem zur Analyse gebraucht wird,

---

[1]) Sitzungsber. d. bayer. Akad. d. Wiss. 1924, S. 49. Ann. d. Phys. (4.) 75, 1924, S. 459.

praktisch vollständig rein im Handel zu erhalten, andrerseits läßt sich die außer Luft als einzige Verunreinigung auftretende Kohlensäure mit Hilfe von Kalilauge und festem Ätzkali mit Sicherheit und leicht vollständig entfernen. Schwierig ist nur die Reinigung des Gases von Sauerstoff. Da der Sauerstoff bekanntlich außerordentlich stark paramagnetisch ist, muß die Beseitigung desselben möglichst weit getrieben werden.[1]) Ein Versuch, ihn mit alkalischer Pyrogallollösung zu absorbieren, führte zu keinem befriedigenden Resultate. Nach einem Vorschlage von Herrn Professor Hönigschmid verwandten wir neben dem Pyrogallol eine Lösung von Chromchlorür, welche selbst Spuren von Sauerstoff sehr energisch aufnimmt. Hiebei wurde folgendermaßen verfahren: eine Lösung von Kaliumdichromat, welche sich bereits in der betreffenden Waschflasche befand, wurde mit Zink und Chlorwasserstoffsäure versetzt. Der nascierende Wasserstoff reduzierte das Kaliumdichromat in etwa 2 Stunden zu Chromchlorür. Dabei wurde Zink im Überschusse zugesetzt, um die Chlorwasserstoffsäure mit Sicherheit aufzubrauchen, und so die Entwicklung saurer Dämpfe und die Nachentwicklung von Wasserstoff möglichst zu unterdrücken. Trotzdem muß damit gerechnet werden, daß Spuren von Wasserstoff in dem Gase enthalten waren. Wegen der sehr kleinen Suszeptibilität des Wasserstoffes dürfte dies jedoch nicht sehr ins Gewicht fallen.

Die Feldstärke bei diesen Versuchen war 5100 Gauss.

Für die Versuche am Sauerstoff wurde Lindesauerstoff aus einer Stahlflasche verwendet; derselbe ist fast 100%ig. Die Spuren von Verunreinigungen an schwach diamagnetischen Gasen, die er enthält, spielen neben dem außergewöhnlich starken Paramagnetismus des Sauerstoffes keine Rolle. Am Sauerstoffe wurden Versuche in einem Druckbereiche von 0 bis 15 Atm. und in einem Feldbereiche von 5100 bis herunter zu 42 Gauss gemacht. Ihr Resultat war stets das gleiche: vollkommene Druckproportionalität der paramagnetischen Suszeptibilität. Einige der erhaltenen Diagramme geben wir in Fig. 2 bis 4 wieder.

---

[1]) Glühenden Platinasbest, was an sich möglich wäre, zu verwenden, scheitert daran, daß er bekanntlich durch das CO „vergiftet" wird. Glühendes Kupfer kann nicht angewandt werden, da sich an ihm das CO unter Abscheidung von Kohlenstoff zu CO_2 umsetzen würde.

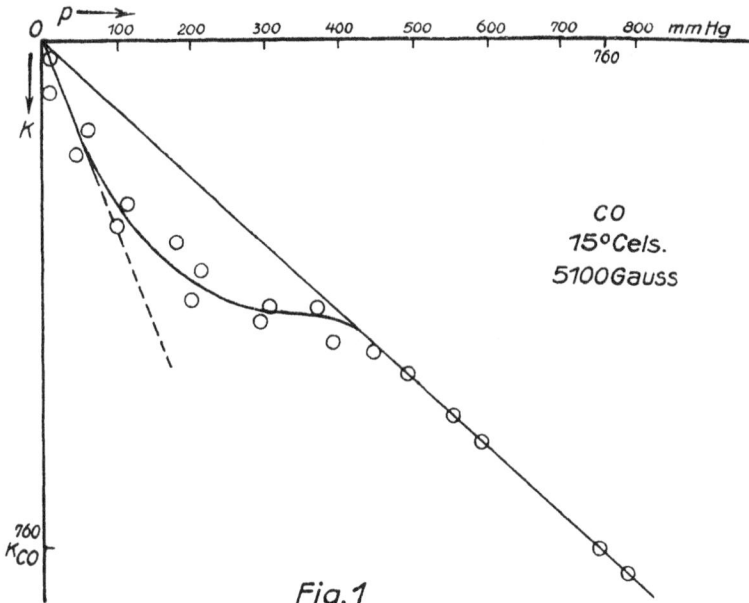

CO
15°Cels.
5100Gauss

Fig. 1

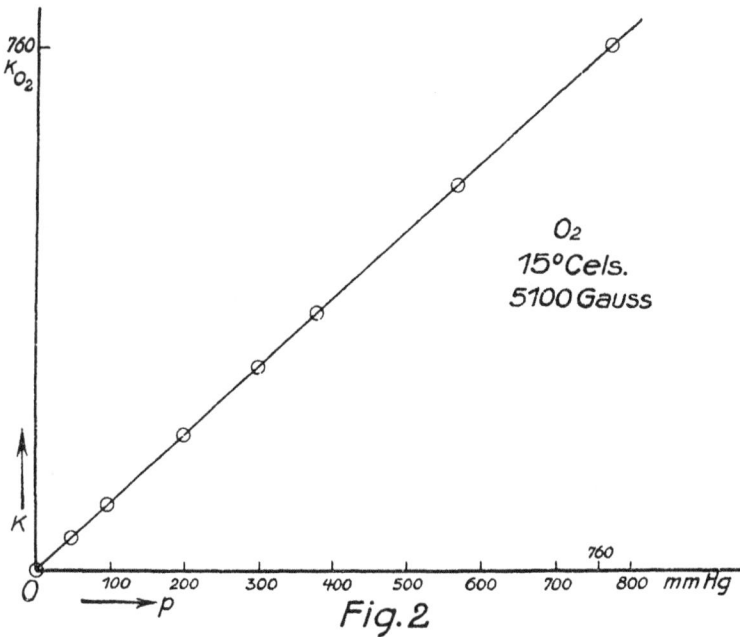

O₂
15°Cels.
5100Gauss

Fig. 2

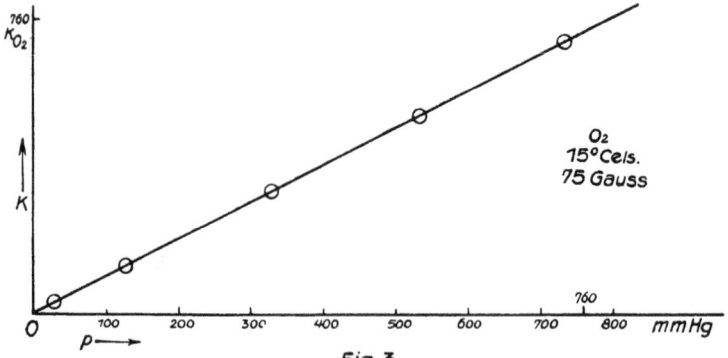

Fig. 3

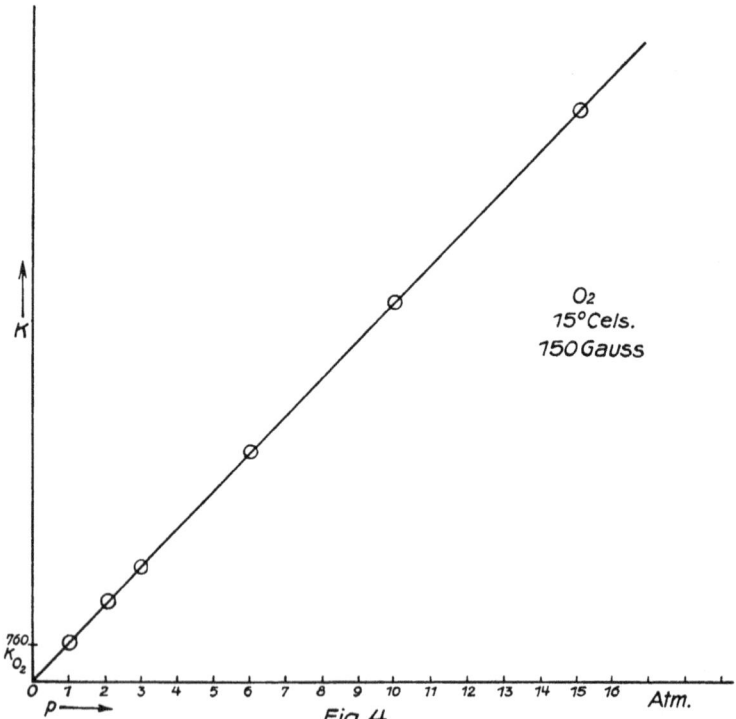

Fig. 4

Aus diesen Messungen ergeben sich folgende Absolutwerte für die Suszeptibilitäten der beiden Gase bei 15° C. und 760 mm Hg Druck:

$$\varkappa_{CO}^{760} = \begin{cases} 39 \ .10^{-11} \\ 41,1.10^{-11} \end{cases}$$

$$\varkappa_{O_2}^{760} = \begin{cases} 12720.10^{-11} \\ 13400.10^{-11} \end{cases}$$

je nachdem wir auf die Werte für Kohlensäure[1])

$$\varkappa_{CO_2}^{760} = \begin{cases} 79,75.10^{-11} \\ 84,0 \ .10^{-11} \end{cases}$$

beziehen. Der für Sauerstoff gefundene Wert liegt nahe beim Mittelwerte aus den bisherigen Messungen. Messungen an Kohlenoxyd sind bisher noch nicht ausgeführt worden.

Um zusammenfassende Betrachtungen über die Lage desjenigen Druckes, bei dem die Abweichung der Suszeptibilität beginnt, anstellen zu können, wollen wir die bisher gewonnenen Resultate in folgender Tabelle zusammenstellen:

Stoff	$\Theta \cdot 10^{40}$	Z	H	P
H_2	0,143	2	5100*	615
			3700*	600
N_2	14,7	14	5100*	415
			3700*	350
CO_2	174,0?	22	5100*	325
	8,6?		4500	300
			3800	275
			2700	255
CO	14,7	14	5100	425

---

[1]) Vgl. Annalen l. c., S. 481.

In Spalte 2 dieser Tabelle sind die Trägheitsmomente Θ der betreffenden Moleküle enthalten,[1]) in Spalte 3 die Anzahl Z der Elektronen im Molekül, in Spalte 4 die Feldstärken H in Gauss, bei denen die Suszeptibilitäts-Druck-Diagramme aufgenommen sind, in Spalte 5 endlich die Drucke P in mm Hg, bei denen die Abweichung von der Druckproportionalität einsetzte. Die mit Stern bezeichneten Feldstärken mußten gegenüber früheren Angaben geändert werden. Die Änderung erfolgte auf Grund einer Nachprüfung der früheren Messungen, nachdem der während der Versuche schadhaft gewordene Elektromagnet repariert worden war. Was die Feststellung des Druckes anlangt, bei dem die Abweichung von der Druckproportionalität einsetzt, so ist sie infolge des flachen Verlaufes der Kurven mit keiner sehr großen Genauigkeit möglich. Immerhin glauben wir auf ihr die folgenden Schlüsse aufbauen zu können.

Wir haben früher der Meinung Ausdruck gegeben, daß es sich bei dem beobachteten Phänomen um eine Orientierung der diamagnetischen Moleküle im Magnetfelde handelt. Je mehr Zeit ein Molekül zwischen zwei Zusammenstößen zur Verfügung hat, d. h. je größer die freie Weglänge, oder, was dasselbe ist, je niedriger bei gleicher Temperatur der Druck ist, desto vollständiger wird die Orientierung aller Moleküle eines Gasvolumens im Felde sein, desto eher wird also ein Grenzwert der Suszeptibilität, der sich für diesen Fall aus der Langevinschen Theorie des Diamagnetismus ergibt, einstellen. Dieser Grenzwert ist im Maximalfalle der dreifache Betrag der Suszeptibilität, die dem Falle der vollständigen Desorientierung der Moleküle entspricht. Was die Moleküle veranlaßt, sich zu orientieren, bleibt allerdings dahingestellt, und wird es wohl auch so lange bleiben müssen, als wir keine genauere Kenntnis vom Aufbau der Moleküle haben. Wenn es sich aber um eine Orientierung handelt, so muß sie bei um so höheren Drucken einsetzen, je stärker das Feld H, je kleiner das Trägheitsmoment Θ des Moleküls, je stärker diejenige Eigenschaft des Moleküls, welche die Orientierung des Moleküls veranlaßt, und je tiefer die Temperatur ist. Rein qualitativ scheinen die bisherigen Versuche unsere Vermutungen hinsichtlich Träg-

---

[1]) Vgl. Laudolt-Börnstein, Tabelle 38, d, D; S. 123.

heitsmoment und Feldstärke zu bestätigen. Dies geht aus der obigen Tabelle offensichtlich hervor.

In Figur 5 und 6 ist nun der Versuch gemacht, diesen Verhältnissen auch quantitativ auf rein empirischem Wege näher zu kommen. Verschiedene Versuche, den Messungen entsprechende Druck-Feldstärke und Druck-Trägheitsmomentdiagramme zu erhalten, ergaben als einzige befriedigende Lösung, daß der Druck, bei dem die Abweichung von der Druckproportionalität erfolgt, jeweils proportional ist einerseits der Wurzel aus der Feldstärke, und andererseits der Anzahl der im Molekül vorhandenen Elektronen, dividiert durch die Wurzel aus dem Trägheitsmomente. In Symbolen also

$$p = C_1 \sqrt{G} = C_2 \frac{Z}{\sqrt{\Theta}}$$

oder zusammengefaßt

$$p = C_3 \frac{Z\sqrt{G}}{\sqrt{\Theta}}$$

Zu den beiden Figuren ist nun noch folgendes zu sagen: zunächst stimmt anscheinend der Druck, bei dem die Abweichung beim Wasserstoff bei 3700 Gauß erfolgt, nicht. Hier ist jedoch ein Messungsfehler sehr leicht möglich, da die damalige Empfindlichkeit der Versuchsanordnung kaum ausgereicht hat, bei so schwachen Feldern noch Messungen am Wasserstoffe auszuführen. Korrigiert man aber P in diesem Falle, daß der betreffende Punkt auf die Stelle zu liegen kommt, an der er nach unserer Annahme liegen sollte, so ergibt sich in Fig. 6 für 3400 Gauss ebenfalls eine nach dem 0-Punkte zielende Gerade. Das Trägheitsmoment des Kohlensäuremoleküls ist, wie aus der Tabelle hervorgeht, nicht genau bekannt. Aus der Messung bei 5100 Gauß würde sich $\Theta_{CO_2} = 59{,}5.10^{-40}$ ergeben. Dieser Wert liegt zwischen den beiden in der Tabelle angegeben. Entnimmt man der CO Kurve in Fig. 5 den Druck P, bei dem die Abweichung erfolgt wäre, wenn die Versuchsfeldstärke 3700 Gauss gewesen wäre, so ergibt sich aus Fig. 6 der nämliche Wert für das Trägheitsmoment von CO_2.

Wider Erwarten sehen wir, daß der Druck, bei dem die Abweichung erfolgt, nicht allein vom Trägheitsmomente abhängt, insoferne wir nur Moleküleigenschaften in Betracht ziehen, son-

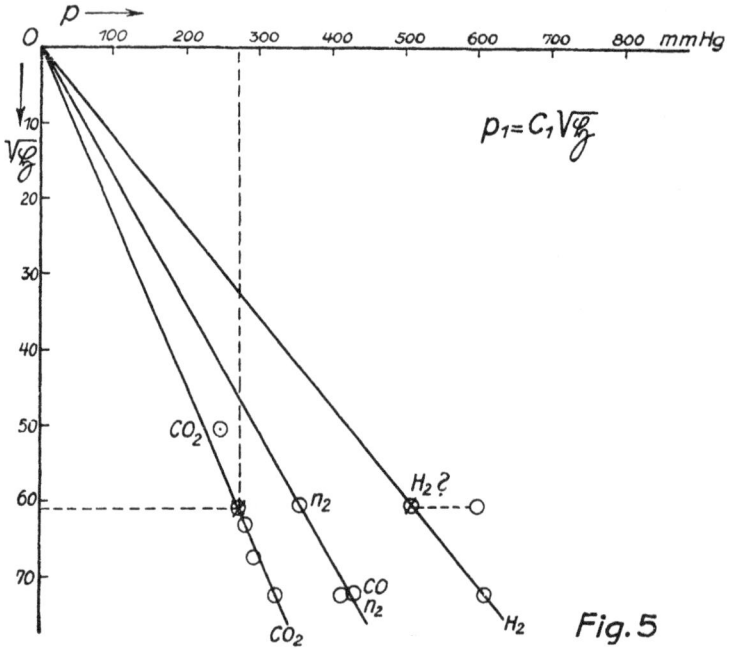

$$p_1 = C_1 \sqrt{\Theta}$$

Fig. 5

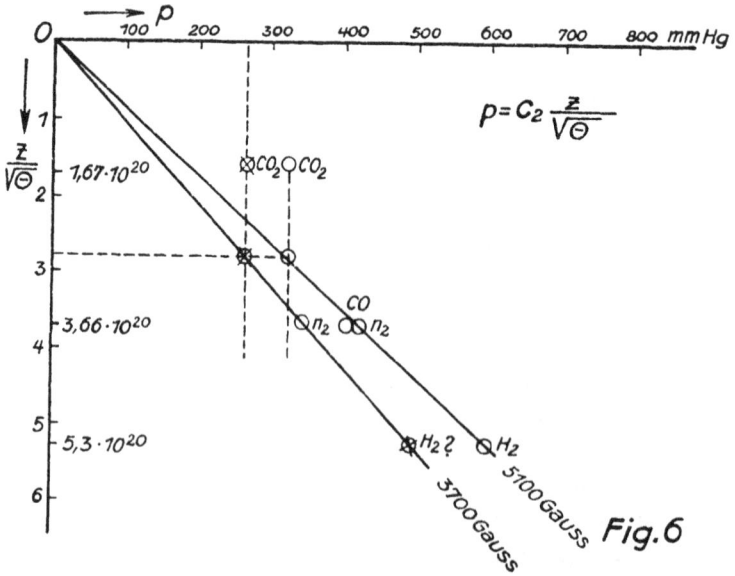

$$p = C_2 \frac{z}{\sqrt{\Theta}}$$

Fig. 6

dern, daß auch die Zahl der Elektronen im Molekül mit in die Formel eingeht. Es mag hierin vielleicht ein Hinweis darauf liegen, daß es ein irgend wie geartetes Moment ist, das die Veranlassung zur Orientierung gibt. Aus diesem Grunde wurden die Versuche am Sauerstoffe unternommen. Da angenommen werden muß, daß das ev. in Betracht kommende Moment höchstens die Größe des diamagnetischen Momentes haben kann, das des Sauerstoffes aber ein vielfaches hievon ist, so wäre beim Sauerstoffe unter den gleichen Versuchsbedingungen eine Abweichung von der Druckproportionalität erst bei sehr hohen Drucken zu erwarten gewesen. Je schwächer man aber die Felder nimmt, bei desto tieferen Drucken wird die Abweichung erfolgen, wie wir oben sahen. Trotzdem die Versuche bei weniger als 100 Gauss bis zu 15 Atm. ausgedehnt wurden, konnten wir nichts finden. Daraus kann man den Schluß ziehen, daß die Moleküleigenschaft, die die Orientierung der diamagnetischen Moleküle veranlaßt, sehr viel schwächer ist, als wir oben annahmen, oder in ihrer Wirkungsweise gänzlich anders geartet ist als das paramagnetische Moment.

Die bisherigen Versuche haben somit immer noch nicht die wünschenswerte Klarheit über die Angelegenheit gebracht. In kommenden Versuchen soll zunächst die Frage der Abhängigkeit vom Trägheitsmomente an den Edelgasen untersucht werden, die wegen ihres verschwindend kleinen Trägheitsmomentes von Interesse sind. Ferner soll die Frage der Temperaturabhängigkeit durch Messungen bei hohen Temperaturen untersucht werden. Endlich soll die gefundene Feldabhängigkeit in einem größeren Feldbereiche geprüft werden.

Am Schlusse dieser Arbeit danke ich Herrn Geheimrat W. Wien für das große Interesse, das er dieser Arbeit entgegenbrachte und für die vielfache Förderung, die er mir während derselben angedeihen ließ.

München, Physikalisches Institut der Universität,
November 1925.

Die Kausalstruktur der Welt und der Unterschied von Vergangenheit und Zukunft.

Von **Hans Reichenbach.**

Vorgelegt von C. Carathéodory in der Sitzung am 7. November 1925.

―――――――

I. Der Determinismus und das Problem des „jetzt".

Es ist üblich geworden, die Kausalhypothese der Physik als eine so selbstverständliche Notwendigkeit zu betrachten, daß man nicht mehr daran denkt, sie einer Kritik zu unterziehen. Dabei bemerkt man meist gar nicht, in wie hohem Grade diese Hypothese eine Extrapolation über den erfahrungsgemäßen Tatbestand hinaus bedeutet; in der Annahme, daß ohne sie keine exakte Naturerkenntnis möglich sei, erschöpft sich die gewöhnliche Verteidigung dieses Standpunkts. Im folgenden soll gezeigt werden, daß auch ohne die Hypothese einer strengen Kausalität eine quantitative Beschreibung des Naturgeschehens möglich ist, die gerade alles das leistet, was die Physik überhaupt leisten kann, und die überdies noch geeignet ist, die Frage nach dem Unterschied von Vergangenheit und Zukunft zu lösen, auf welche die strenge Kausalhypothese keine Antwort hat.

Wir müssen dieser Untersuchung eine Unterscheidung vorausschicken, die allein schon das Problematische der Kausalhypothese hervortreten läßt. Die erste Form der Kausalhypothese liegt vor, wenn die Physik Gesetze aufstellt, d. h. Aussagen macht von der Form: „wenn A ist, dann ist B". Wir nennen sie die Implikationsform der Kausalhypothese. Die zweite Form aber geht darüber hinaus und behauptet etwas über den Ablauf der Welt als Ganzes; sie besagt nämlich, daß dieser Ablauf unveränderlich feststehe, daß mit einem einzigen Querschnitt

der vierdimensionalen Welt Vergangenheit und Zukunft völlig
bestimmt seien. Diese Behauptung, die man auch Determinismus
nennt, wollen wir die Determinationsform der Kausalhypothese nennen. Es ist offensichtlich, daß die zweite Behauptung
sehr viel weiter geht als die erstere; und es erscheint außerordentlich kühn, daß die Naturwissenschaft den Schritt von der
immerhin noch plausiblen Implikationsform zu diesem Anspruch
auf Beherrschung des Weltablaufs gemacht hat. Man rechtfertigt
ihn, indem man die beiden Formen in einen Zusammenhang bringt;
aber man bemerkt nicht, daß dabei zu der Implikationsform der
Kausalhypothese noch eine zweite Annahme hinzutritt, die zugleich gegenüber dem Erfahrungsmaterial eine sehr zweifelhafte
Behauptung darstellt. Diese zusätzliche Hypothese läßt sich erkennen, wenn man den Übergang von der Implikationsform zur
Determinationsform genauer betrachtet.

Wenn die Implikationsform besagt, daß die Ursache *A* mit
Gewißheit die Wirkung *B* hat, so stellt sie diese Behauptung
doch nur für den Fall auf, daß die Ursache *A* in aller Strenge
wirklich vorliegt. Aber gerade dies ist bekanntlich nie erfüllt,
so daß bei jeder Anwendung der Implikationsform auf die Wirklichkeit noch eine zweite Hypothese notwendig wird, die sich auf
den Rest von Faktoren bezieht, welche außer *A* noch da sind.
Man formuliert diese zusätzliche Hypothese gewöhnlich als die
Annahme, daß die Restfaktoren nur einen quantitativ kleinen Einfluß haben. Aber das ist nicht genau. Die Annahme lautet in
Wahrheit, daß die Restfaktoren nach den Gesetzen der
Wahrscheinlichkeitsrechnung ihren Einfluß ausüben.
Es können gelegentlich wohl größere Störungen vorkommen, aber
bei wiederholten Fällen entsprechen die Störungen einem stati-
stischen Gesetz. Wie ich an anderer Stelle gezeigt habe,[1]) ist
dies die Annahme, daß die Störungen durch eine stetige Wahr-
scheinlichkeitsfunktion geregelt sind. Dieses Wahrscheinlichkeitsprinzip tritt stets hinzu, wenn die Kausalhypothese in ihrer Im-

---

[1]) Der Begriff der Wahrscheinlichkeit für die mathematische Dar-
stellung der Wirklichkeit. Diss. Erlangen 1915 und Zschr. f. Philos. u.
philos. Kritik 161, 1917, S. 209. Vgl. auch Naturwiss. 1920, S. 46 und 146.
— Die stetige Funktion ist nicht immer die Gaußsche, diese gilt nur für
besondere Fälle.

plikationsform auf die Wirklichkeit angewandt wird. Es läßt sich
nicht etwa aus der Implikationsform ableiten, sondern bedeutet
eine selbständige Annahme, ohne welche die Implikationsform
wertlos wäre; denn man könnte sie sonst in keinem Fall auf die
Wirklichkeit anwenden. Die physikalische Erkenntnis beruht deshalb auf zwei Prinzipien, dem Prinzip der kausalen Verknüpfung und dem Prinzip der wahrscheinlichkeitsgemäßen Verteilung.

Wie kommen wir nun von hier aus zur Determinationsform?
Um diesen Zusammenhang aufzudecken, wollen wir die Determinationsform der Kausalhypothese für eine mit stetigem materiellem
Feld erfüllte Welt formulieren. In einer solchen Welt brauchen wir
dann nicht von einzelnen Ereignissen zu reden, sondern können
die Welt durch Angabe der Feldverteilung völlig beschreiben.

Die Determinationshypothese lautet dann: Ist für einen Querschnitt $t =$ konst. der vierdimensionalen Welt die Feldverteilung
und außerdem die ersten und zweiten Ableitungen der Feldgrößen
nach der Zeit gegeben, so ist Vergangenheit und Zukunft völlig
bestimmt. Dabei kann man sich die Feldverteilung so vorstellen,
daß etwa der Einsteinsche Tensor T_{ik} als Funktion gewählter
Raumkoordinaten in aller Strenge gegeben ist.

Vergleichen wir diese Aussage mit dem Erfahrungsmaterial,
so finden wir eben den Unterschied, auf den wir bereits hingewiesen haben. Einerseits ist der Feldzustand nie mit völliger
Strenge gegeben, andrerseits werden die daraus berechneten früheren und späteren Zustände stets nur mit Wahrscheinlichkeit festgelegt. Von der Erfahrung aus läßt sich also die Determinationshypothese nur durch einen Grenzübergang gewinnen,
der die approximative Feldverteilung in die strenge und die Wahrscheinlichkeit in Gewißheit verwandelt. Das Problematische
dieses Grenzübergangs ist es, was mit der unkritischen Auf-
stellung des Determinismus zumeist übersehen wird.

Denken wir etwa die Verteilung der Materie innerhalb der
Erdkugel durch ihre Dichte σ als Funktion der Koordinaten gegeben. Für die Astronomie wird der Ansatz $\sigma =$ konst. genügen.
Für die Geologie wird σ entsprechend den Erdschichtungen variabel
sein. Die Physik geht sehr viel weiter und will die Lage jedes
einzelnen Moleküls kennen, d. h. eine Dichtefunktion gewinnen,

die sehr viel feinere räumliche Schwankungen macht als die geologische Dichte. Jede dieser Genauigkeitsstufen liefert eine Vorausbestimmung des Geschehens, d. h. zukünftiger Dichtezustände; mit wachsender Genauigkeit steigt die Sicherheit des berechneten Resultats. Die Determinationshypothese nimmt nun an, daß es eine Funktion gibt (ev. unter Aufspaltung des Skalars σ in einen Tensor T_{ik}), welche das Resultat mit Gewißheit bestimmt.

Sei es zugegeben, daß der Grad der Wahrscheinlichkeit beliebig nahe an 1 gesteigert werden kann — so bleibt in der Determinationshypothese doch die Annahme enthalten, daß die Reihe der Feldfunktionen, in wachsender Genauigkeit geordnet, eine Grenze hat. Im Sinne des Erfahrungsmaterials liegt nur die Aussage, daß zu jeder Feldfunktion eine genauere existiert, welche eine höhere Wahrscheinlichkeit liefert. Es geht weit darüber hinaus, zu sagen, daß es in dieser Reihe eine letzte Funktion gibt, die dann die Wahrscheinlichkeit 1 liefert. Dies ist die Extrapolation, die in der Determinationshypothese enthalten ist.

Man kann natürlich nicht ohne weiteres sagen, daß diese Extrapolation falsch ist; aber man kann behaupten, daß alles, was mit dieser Extrapolation erklärbar ist, auch ohne sie erklärt werden kann. Denn für alle kontrollierbaren physikalischen Aussagen wird stets nur die Tatsache der nach 1 steigerungsfähigen Genauigkeit benutzt, niemals die Existenz der Grenzfunktion selbst. Die Determinationshypothese ist deshalb für die Physik völlig leer; und wenn man sie auch nicht direkt widerlegen kann, so gibt es doch jedenfalls nichts, was für sie spricht. Im folgenden soll deshalb diese Hypothese weggelassen und gezeigt werden, wie sich die Kausalstruktur der Welt allein mit Hilfe des Begriffs der wahrscheinlichen Bestimmtheit beherrschen läßt.

Man hat den Wert der Determinationshypothese darin gesehen, daß sie den Wahrscheinlichkeitsbegriff in der Naturerklärung eliminiert. Für sie ist das Wahrscheinlichkeitsprinzip nur ein Aushilfsmittel, das man benutzt, so lange man die genauen Bedingungen eines Vorgangs nicht kennt; bei völlig genauer Kenntnis aller Umstände würde dieses Aushilfsmittel überflüssig. Aber diese Rechtfertigung vergißt, daß der Wahrscheinlichkeitsbegriff eben nur für die Grenze wegfällt; für jede praktisch mögliche Aussage der Naturwissenschaft ist er dann immer noch unentbehrlich. Denn wenn die Grenzfunktion auch existiert, so ist sie doch niemals in aller Strenge bekannt. Aber die Tatsache, daß für die ungenauen Beschreibungen des Naturgeschehens nun wenigstens Wahrscheinlichkeitsgesetze gelten, bleibt dann immer noch gültig; und diese konstatierbare Tatsache läßt sich nur erklären, wenn die Wahrscheinlichkeitsgrenze nicht das Aushilfsmittel einer unvollkommenen Erkenntnis, sondern eine Eigenschaft des Naturgeschehens darstellen. Soll also der Wahrscheinlichkeitsbegriff eliminiert werden, so müßten die Wahrscheinlichkeitsgesetze als Folge der kausalen Gesetze erwiesen werden; aber ein solcher Beweis dürfte sicherlich unmöglich sein.

Es gelingt deshalb der Determinationshypothese keineswegs, den Wahrscheinlichkeitsbegriff entbehrlich zu machen; und darum spricht nichts dagegen, den umgekehrten Weg zu gehen, auf den Determinismus zu verzichten und den Wahrscheinlichkeitsbegriff als Grundbegriff der Erkenntnis aufzustellen. Schließlich will man doch mit der strengen Kausalhypothese nur den Gedanken ausdrücken, daß es für die Abweichungen von der strengen Gesetzlichkeit wieder eine kausale Erklärung geben muß; aber gerade diesen Gedanken kann man auch ohne die Hypothese einer Grenze beibehalten. Wir lassen also die Implikationshypothese gelten, und zwar nicht nur in der Form „wenn A ist, dann folgt B", sondern auch in der umgekehrten Form „wenn B ist, so ist A vorausgegangen." Aber wir fügen dieser Annahme noch eine Wahrscheinlichkeitsannahme hinzu, welche sich auf die in A und B nicht mitberücksichtigten Faktoren bezieht und besagt, daß diese nach den Regeln der Wahrscheinlichkeitsrechnung zum Ausdruck kommen. Beide Annahmen sollen auf jeder Genauigkeitsstufe gelten, und wir verzichten auf die Behauptung, daß die zweite Annahme schließlich überflüssig wird. An Stelle der einheitlichen Hypothese des Determinismus begnügen wir uns also mit dem Nebeneinander zweier Annahmen: der Annahme einer kausalen Verknüpfung für die beherrschenden Faktoren des Geschehens und der Annahme einer wahrscheinlichkeitsgemäßen Verteilung für den Einfluß des Restes. Es entspricht sicherlich den Forderungen einer möglichst getreuen Naturbeschreibung, diese Doppelheit einer einheitlichen Annahme vorzuziehen, welche so wenig gerechtfertigt werden kann wie der Determinismus.

Jedoch ist es nicht einmal notwendig, die beiden Annahmen getrennt nebeneinander zu stellen. Die Aufspaltung des Geschehens in einen kausalen Teil und einen Wahrscheinlichkeitsteil ist lediglich von formaler Bedeutung; sie läßt sich ersetzen durch die eine Annahme, daß zwischen Ursache und Wirkung ein wahrscheinlichkeitsgemäßer Zusammenhang besteht. Es kann gleichgültig sein, ob A mit Gewißheit B bewirken würde, wenn weiter keine Faktoren da wären; da dieser Fall nie vorkommt, so begnügen wir uns mit der einen Annahme: „wenn A ist, so bestimmt es nach den Gesetzen der Wahrscheinlichkeit ein B." Der Grad der Wahrscheinlichkeit kann durch möglichst genaue Festlegung der beteiligten Faktoren beliebig nahe an 1 gesteigert werden[1]) — hierin drückt sich jetzt der Gedanke aus, daß zu jeder Abweichung in der Wirkung wieder eine Ursache gefunden werden kann — aber immer behält, für jede erreichbare Stufe, die Beziehung zwischen Ursache und Wirkung den Charakter einer Wahrscheinlichkeit. Wir denken uns also eine Welt, in der alle Abhängigkeiten von derselben Art sind, wie das Auftreffen einer Würfelseite mit dem Wurf im Zusammenhang steht; jeder Schritt des Geschehens ist ein Würfelspiel, und nur die große Wahrscheinlichkeit einzelner Reihen hat uns verführt, in ihnen eine sichere Gesetzlichkeit verborgen zu sehen. Mit dieser Auffassung sind wir dann ebenfalls zu einer einheitlichen Annahme über den Charakter des Geschehens gekommen, nur daß wir nicht die Wahrscheinlichkeitsannahme, sondern die Kausalannahme fortgelassen haben. Eine solche Welt besitzt in jedem ihrer Elemente allein einen Wahrscheinlichkeitszusammenhang.

Es ist die Forderung nach einem Minimum von Voraussetzungen, die uns zu dem Verzicht auf die strenge Kausalität

---

[1]) Es läßt sich in Zweifel ziehen, ob die Wahrscheinlichkeit in jedem Falle tatsächlich beliebig nahe an 1 gesteigert werden kann, oder ob nicht an gewissen Stellen vorher Grenzen auftreten. Diese Grenzen könnten auch praktisch unerreichbar bleiben, so daß der Satz in Geltung bliebe, daß zu jeder erreichten Genauigkeitsstufe eine höhere existiert. So berechtigt eine derartige Vermutung erscheinen mag — sie würde bestätigt werden, wenn die Quantentheorie den Versuch einer kausalen Erklärung aufgibt und sich mit den Wahrscheinlichkeitssprüngen der Elektronen begnügt — sie soll hier nicht erörtert werden, und alles folgende ist auch mit der nach 1 steigerungsfähigen Wahrscheinlichkeit verträglich.

zwingt. Jedoch werden wir finden, daß uns mit der Entwicklung der Theorie des Wahrscheinlichkeitszusammenhangs zugleich ein Erfolg zuteil wird, den sie vor dem Determinismus voraus hat und der sie darum in hohem Maße rechtfertigt: das ist die Aufklärung der Begriffe Vergangenheit und Zukunft.

Daß die Zeitordnung auf gewisse Eigenschaften der Kausalstruktur begründet werden kann, ist durch die Untersuchungen von K. Lewin,[1]) R. Carnap[2]) und dem Verfasser[3]) neuerdings klar gestellt worden. Was „früher" und „später" heißt, läßt sich durch Kausalreihen definieren; nur weil Ereignisse durch Kausalreihen verbunden werden können, besitzen sie ein Zeitverhältnis. Die für diese Ordnung notwendigen Eigenschaften der Kausalreihen lassen sich als Axiome formulieren; unter ihnen spielt der Ausschluß geschlossener Kausalreihen eines einzigen Richtungssinns eine wichtige Rolle. So läßt sich eine Topologie der Zeit gewinnen, in der die Grundbegriffe „früher", „später", „gleichzeitig" definiert werden. Aber was damit bisher n i c h t gelöst werden konnte, ist das Problem des „jetzt".

Was heißt „jetzt"? Plato lebte früher als ich, und Napoleon VII. wird später leben als ich. Aber wer von diesen dreien lebt j e t z t? Zweifellos habe ich ein deutliches Gefühl dafür, daß i c h jetzt lebe. Aber hat diese Aussage einen objektiven Sinn über mein subjektives Erlebnis hinaus? Ihre Bedeutung könnte sich in der Schilderung eines psychologischen Zustandes erschöpfen. Aber ist es nicht doch möglich, ihr eine objektive Bedeutung zu geben?

Man wird zunächst versuchen, diese objektive Bedeutung in einer Aussage über Gleichzeitigkeitsbeziehungen zu finden. Dann ist die Aussage „ich lebe jetzt" identisch mit Aussagen der Form „ich lebe gleichzeitig mit Herrn *A*" oder „ich lebe gleichzeitig mit dem und dem Ereignis." Ist dies der Fall, so gibt es kein besonderes „jetzt", sondern die Bedeutung dieses Wortes ist zu-

---

[1]) Zschr. f. Phys. 13, 62, 1923.

[2]) Kantstudien 1925, 30, S. 331.

[3]) Axiomatik der relativistischen Raum-Zeit-Lehre, Vieweg 1924, und Physikal. Zschr. 1921, 22, 683. Dieser Axiomatik nahe verwandt ist die „Axiomatik der speziellen Relativitätstheorie" von C. Carathéodory, Berl. Akad. Ber. 1924, S. 12.

rückführbar auf die Begriffe „früher", „später", „gleichzeitig".
Aber erschöpft sich damit der Sinn des „jetzt"?

Wenn das Jetzt auf Gleichzeitigkeit zurückführbar ist, so
würde der Sinn der Frage „was geschieht jetzt?" in folgendem
bestehen: diese Frage stellt selbst ein Ereignis F vor, das im
Weltablauf seine Position hat, und gefragt wird nach dem, was
mit F gleichzeitig ist. Dennoch ist diese Antwort, obzwar richtig, nicht erschöpfend. Denn es steht nicht in meiner Hand, die
Position dieses F auszusuchen; dieses F ordnet sich von selbst
in den Zeitpunkt „jetzt" ein. Wenn man antwortet, daß ich die
Lokalisation des F sehr wohl in der Hand habe, indem ich mit
der Stellung der Frage warten kann, so ist hierauf folgendes zu
erwidern. Ich kann jedenfalls nicht alle Zeitpunkte dafür aus-
suchen, sondern nur zukünftige. Der Zeitpunkt aber, welcher
diese wählbaren Zeitpunkte von den nicht wählbaren trennt, ist
das Jetzt. Man kann eben mit solchen Versuchen nicht dem
Zwang entrinnen, der für uns einen Jetzt-Punkt als Erlebnis der
Grenze zwischen Vergangenheit und Zukunft absolut auszeichnet.

Das Problem läßt sich deshalb auch formulieren als die Frage
nach dem Unterschied von Vergangenheit und Zukunft. Für den
Determinismus gibt es einen solchen Unterschied nicht. Wenn in
irgend einem zeitlichen Querschnitt die Zukunft bereits völlig
bestimmt ist, so macht es keinen Unterschied, ob sie schon ab-
gelaufen ist oder noch ablaufen wird. Der Ablauf bringt nichts
Neues; das was in 100 Jahren geschehen wird, ist mir in demselben Sinne gegeben wie die Ereignisse des vergangenen Krieges,
und ich könnte mich in grundsätzlich derselben betrachtenden
Weise über die Kriege Napoleons VII. unterhalten wie über die
Kämpfe bei Verdun. Dann besteht in bezug auf das „jetzt" kein
Unterschied zwischen Plato und mir; ich kann ebensogut sagen,
Plato lebt jetzt, und ich bin noch Zukunft. Zwar, daß Plato
f r ü h e r lebt als ich, könnte ich dann aussagen, denn ein „früher"
und „später" gibt es auch für den Determinismus. Aber es gibt
kein „jetzt"; es gibt keinen ausgezeichneten Zeitpunkt, und das
Gefühl, daß m e i n Dasein eine Realität ist, P l a t o s Leben aber
nur noch seine Schatten in die Realität wirft, muß ein Irrtum
sein. Dem widerspricht aber die ganze Haltung unseres Daseins,
wir haben eine vollkommen verschiedene Einstellung gegen die

Zukunft als gegen die Vergangenheit; und wenn man nicht jede einzelne unserer Handlungen, jeden Gedanken, der uns in der Gestaltung unseres täglichen Lebens begleitet, als einen einzigen großen Irrtum auffassen will, muß der Determinismus falsch sein.

Es soll damit nicht gesagt sein, daß der Determinismus falsch ist; aber über den Gegensatz muß man sich ganz klar sein. Hat der Determinismus recht, so ist es durch nichts zu rechtfertigen, daß wir uns für den morgigen Tag eine Handlung vornehmen, für den gestrigen Tag aber nicht. Es ist wohl wahr, daß wir dann gar nicht die Möglichkeit haben, auch nur den Vorsatz zu der morgigen Handlung und den Glauben an Freiheit zu unterlassen — gewiß nicht, aber einen Sinn hat unser Tun dann nicht. Denn dann ist der morgige Tag heute schon in demselben Sinne vorbei wie der gestrige. Aber zu dieser Konsequenz zwingt eben nur der Determinismus — wenn man auf ihn verzichtet, läßt sich der Widerspruch zu unserm elementaren Lebensgefühl vermeiden. Gewiß darf ein solches Gefühl nicht entscheiden, wenn der Verstand überzeugend dagegen spricht — aber man analysiere zuvor den Verstand, ob seine Behauptung notwendig ist. Und das ist sie nicht.

Denn entschließt man sich zur Theorie des Wahrscheinlichkeitszusammenhangs, so ergibt sich gerade der Unterschied zwischen Vergangenheit und Zukunft, der unserm Gefühl entspricht. Gibt es keine völlige Bestimmtheit des Geschehens, so kann man nicht sagen, daß die Zukunft jetzt schon feststeht. Das Gegenteil des Berechneten ist dann auch immer möglich. Die Vergangenheit dagegen steht fest, und die Gegenwart ist diejenige Schwelle, auf welcher die Welt vom Zustand der Unbestimmtheit in den der Bestimmtheit übergeht. Es ist also im Zustand der Welt ein Querschnitt ausgezeichnet, den man Gegenwart nennt; das „jetzt" hat eine objektive Bedeutung. Auch wenn kein Mensch mehr lebt, gibt es ein „jetzt"; der „jetzige Zustand des Planetensystems" ist dann eine ebenso bestimmte Angabe wie „der Zustand des Planetensystems zur Zeit von Christi Geburt."

In dem vierdimensionalen Bild der Welt, wie es etwa die Relativitätstheorie benutzt, gibt es einen solchen ausgezeichneten Querschnitt nicht. Aber das liegt nur daran, daß in diesem Bild ein wesentlicher Inhalt weggelassen ist. Sollen irgend welche

Aussagen über die Welt, über vergangene oder zukünftige Ereignisse, gemacht werden, so müssen sie an gewisse wahrgenommene Ereignisse durch Schlußketten angeknüpft werden. Und zwar müssen alle diese Anknüpfungspunkte auf einem Querschnitt liegen, eben dem Gegenwartsquerschnitt. In der Tat: will ich wissen, wann Karl der Große geboren wurde, so muß ich ein Geschichtswerk aufschlagen; die Wahrnehmung der Zahl ist das Gegenwartsereignis, von dem erst eine Schlußkette zu der Behauptung führt, daß sie das Geburtsjahr Karls des Großen bedeutet. (Die Schlußkette enthält z. B. die Annahme, daß das Buch ein hinreichend zuverlässiges Geschichtswerk ist.) Will ich eine Sonnenfinsternis berechnen, so müssen entweder wieder gedruckte Zahlen eines Buches, die ich „jetzt" lese, oder gegenwärtige Beobachtungen von Sonne und Mond als Ausgang dienen. Zahlen, die ich nicht nachlese, sondern in der Erinnerung habe, müssen „jetzt" gewußt werden; das Erinnerungserlebnis ist hier der Wahrnehmung vergleichbar und führt auch nur durch Schlußketten (z. B. Kontrollen der Sicherheit des Gedächtnisbildes) zur behaupteten Tatsache. Es gibt also zu einem gegebenen Weltzustand einen Querschnitt derart, daß alle Aussagen an ihn angeknüpft werden müssen, sowohl über die Vergangenheit als über die Zukunft.

Obgleich wir diesen Querschnitt dadurch charakterisiert haben, daß wir alle Aussagen über die Welt an ihn anknüpfen müssen, wird er dadurch nicht subjektiv definiert. Denn es liegt nicht an uns, daß wir ihn wählen müssen, sondern gerade an dem Zustand der Welt. Zu jedem gegebenen Weltzustand gibt es einen ausgezeichneten Querschnitt. Das Weltbild der Relativitätstheorie sollte richtig wie in Fig. 1 a gezeichnet werden, und der Ablauf der Welt besteht darin, daß der Zustand der Fig. 1 a in den der Fig. 1 b usw. übergeht.[1]) Man kann den Weltablauf nicht in einem Bild zeichnen, sondern nur in einer Folge derartiger Bilder wie Fig. 1. Es ist nur eine (für viele Zwecke natürlich zulässige) Vereinfachung, wenn man überall den Querschnitt und die Pfeilspitzen wegläßt und die Folge durch ein einziges Bild ersetzt.

---

[1]) Dabei ist in Fig. 1 b derjenige Teil, der in Fig. 1 a der Zukunft entspricht, etwas verändert gezeichnet; es sei damit angedeutet, daß die Zukunft anders eingetroffen ist, als sie in 1 a berechnet wurde.

Fig. Ia   Fig. 1b

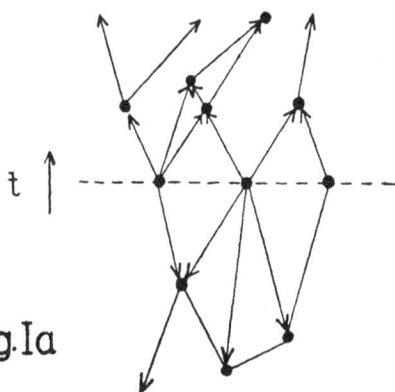

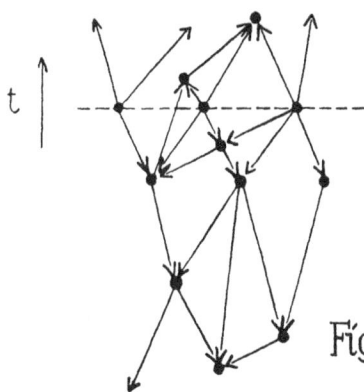

Fig. 1. Der Weltablauf als Folge von Strukturbildern mit ausgezeichnetem Gegenwartsquerschnitt.

Obgleich wir von einem ausgezeichneten Querschnitt sprechen, soll damit nicht etwa die Existenz einer absoluten Gleichzeitigkeit behauptet werden. Sondern wir müssen unsere Aussage im Sinne der Relativitätstheorie korrigieren: die Richtung des ausgezeichneten Querschnitts ist innerhalb eines gewissen Intervalls willkürlich. Wir können dies auch dann noch zulassen, wenn wir das Jetzt durch das subjektive Erlebnis „jetzt" definieren. Die Erlebnisse eines einzelnen Menschen stellen im Kausalschema nur einen Querschnitt von sehr geringer Breite dar, den man als nahezu punktförmig betrachten kann. Dann ist jeder im Sinne der Relativitätstheorie zulässige Gleichzeitigkeitsschnitt durch dieses Punktereignis ein zulässiger Jetzt-Schnitt. Der Jetzt-Schnitt läßt sich also von einem Punkt aus definieren. Das stimmt auch überein mit der in Fig. 1 gegebenen Definition des Jetzt-Schnitts durch die Umkehr der Pfeilrichtung. Der von einem Punktereignis P nach vorwärts und rückwärts ausgehende Wirkungskegel $ds^2 = 0$ zerteilt die Welt bereits derart, daß alle in P zusammenlaufenden Wirkungslinien mit Pfeilspitzen im Sinne unserer Fig. 1 versehen werden können. Ungeordnet bleiben dabei nur die Punkte des Zwischengebiets (im Minkowskischen Sinne), und dieses Gebiet wird eben durch die zulässigen Jetzt-Schnitte durch P ausgefüllt. Wenn wir im folgenden von dem ausgezeichneten Querschnitt reden, meinen wir genauer einen beliebigen der ausgezeichneten Schnitte, und auch die Fig. 1 ist in diesem Sinne zu verstehen.

In der Art, wie sich Vergangenheit und Zukunft von dem ausgezeichneten Querschnitt aus bestimmen, unterscheiden sich beide. Wir wollen dies jetzt mit Hilfe der **Theorie des Wahrscheinlichkeitszusammenhangs** zeigen und dabei klar legen, in welchem Sinne die Vergangenheit „objektiv bestimmt", die Zukunft „objektiv unbestimmt" genannt werden kann. Wir lassen jedoch dabei die Vorstellung, daß die Welt mit einem stetigen Feld erfüllt ist, fallen, und denken uns einzelne Ereignisse (die Knotenpunkte in Fig. 1), die durch Schlußketten miteinander verknüpft sind. Diese Auffassung ermöglicht es uns, den Weltzusammenhang auf die topologischen Eigenschaften einer Netzstruktur zu begründen. Die Ausdehnung der Theorie auf stetige Felder ist mit Schwierigkeiten verknüpft, die sich vorläufig noch nicht beseitigen lassen.

II. Topologie der Wahrscheinlichkeitsimplikation.

Die Relation, welche an Stelle der strengen kausalen Verknüpfung der Ereignisse tritt, nennen wir **Wahrscheinlichkeitsimplikation.** Liegt ein Ereignis A vor, so beobachten wir, daß dann mit einer gewissen Regelmäßigkeit auch das Ereignis B auftritt. Es braucht nicht **immer** B aufzutreten, aber die Fälle des Auftretens und Nichtauftretens von B sind nach den Gesetzen geregelt, die in der Wahrscheinlichkeitsrechnung niedergelegt sind. Dabei gehört zu diesen Gesetzen nicht nur die Regelmäßigkeit des **Häufigkeitsverhältnisses** von Eintreffen und Nichteintreffen, sondern auch die Regelmäßigkeit in den **Abweichungen** von diesem Verhältnis, d. h. die Gesetze der Streuung. Wir sagen dann

$$A \rightarrow B$$

gesprochen: „A impliziert mit Wahrscheinlichkeit B", oder auch: „A bestimmt B". Dabei soll über den Grad der Wahrscheinlichkeit nichts gesagt sein, dieser kann zwischen 0 und 1 (einschließlich) liegen; die Relation $A \rightarrow B$ gilt also nicht nur dann, wenn nach dem Sprachgebrauch B „wahrscheinlich gemacht" wird durch A, sondern auch, wenn B „unwahrscheinlich gemacht" wird durch A. Das Zeichen $\rightarrow$ für die Wahrscheinlichkeitsimplikation geht aus dem Zeichen $\supset$ der strengen (logischen) Implikation hervor, indem der Querstrich hinzutritt. Die strenge Implikation geht als Grenzfall aus der Wahrscheinlichkeitsimplikation hervor, wenn die Wahrscheinlichkeit $= 1$ wird.

Man wird gegen die Einführung der Wahrscheinlichkeitsimplikation zwei Einwände machen. Erstens: Wie ist es möglich, die Regelmäßigkeit des Häufigkeitsverhältnisses von A und B für alle Fälle zu behaupten, wenn sie doch nur für eine endliche Zahl von Fällen beobachtet ist? Wir antworten, daß wir auf diese Frage, die das Problem der Induktion darstellt, hier nicht eingehen wollen, sondern daß wir es als möglich und sinnvoll voraussetzen wollen, von einer endlichen Zahl von Beobachtungen auf alle Beobachtungen mit Wahrscheinlichkeit zu schließen. Diese Voraussetzung macht nicht nur unsere Wahrscheinlichkeitstheorie, sondern jede wissenschaftliche Naturerkenntnis; wir wollen ihre Berechtigung deshalb unterstellen. Zweitens wird man einwenden: Was für einen Sinn hat es, dem Eintreffen des einzelnen Ereignisses B eine Wahrscheinlichkeit zuzuschreiben, wenn diese Zahl doch gar nichts für den Einzelfall, sondern nur etwas für beliebig lange Wiederholungsreihen bedeutet? Hierauf antworten wir ebenfalls, daß wir diese Aussage als sinnvoll voraussetzen wollen; und auch diese Voraussetzung gilt nicht nur für unsere Theorie, sondern wird in der Wissenschaft und im täglichen Leben ständig gemacht. Ihre Kritik — welche zu beachten hat, daß das Problem für den Einzelfall grundsätzlich nicht anders liegt als für jede endliche Anzahl vorauszusagender Fälle — ist eine sehr wichtige Frage der Erkenntnistheorie, aber sie soll uns hier nicht beschäftigen.

Wir betrachten hier also die Wahrscheinlichkeitsimplikation als einen Grundbegriff, ähnlich wie man in der Logik die Implikation als nicht ableitbaren Grundbegriff einführen kann. $A \rightarrow B$ bedeutet: „Wenn A ist, so ist mit Wahrscheinlichkeit B." Oder auch: „Wenn mit Wahrscheinlichkeit A ist, so ist mit Wahrscheinlichkeit B." Aber was dies heißt: „B ist mit Wahrscheinlichkeit" nehmen wir als nicht weiter zerlegbaren Grundbegriff an. Nicht zwischen irgend welchen Ereignissen, sondern nur zwischen gewissen Ereignissen dürfen wir die Beziehung „Wahrscheinlichkeitsimplikation" ansetzen; welche dies sind, lehrt die Erfahrung. $A \rightarrow B$ ist also eine materiale Aussage.

Die merkwürdigste Eigenschaft der Wahrscheinlichkeitsimplikation im Gegensatz zur Implikation besteht nun darin, daß mit $A \rightarrow B$ stets auch $A \rightarrow \bar{B}$ gegeben ist, wo $\bar{B}$ (gesprochen: non-B) das Fehlen des Ereignisses B bedeutet. Das ist vom Standpunkt der Wahrscheinlichkeitsrechnung selbstverständlich; ist p das Maß der Wahrscheinlichkeit, mit der B bestimmt wird, so ist $1 - p$ das entsprechende Maß für $\bar{B}$. Mit der Regelmäßigkeit des Eintreffens von B ist auch die entsprechende Regelmäßigkeit für das Fehlen von B, also das Eintreffen von $\bar{B}$, gegeben. Wir können diese Grundeigenschaft so schreiben

$$(A \rightarrow B) \supset (A \rightarrow \bar{B}), \tag{1}$$

wo $\supset$ die strenge Implikation bedeutet.

Von der Behauptung $A \rightarrow \bar{B}$ ist die Behauptung

$$\overline{A \rightarrow B}$$

wohl zu unterscheiden. Diese besagt, daß es falsch ist, wenn man $A \rightarrow B$ behauptet. Dies bedeutet, daß keine Regelmäßigkeit zwischen dem Stattfinden von A und B besteht, wie sie die Wahrscheinlichkeitsgesetze verlangen. Mit Satz (1) ergibt sich sogleich

$$\overline{(A \rightarrow B)} \supset \overline{(A \rightarrow \bar{B})}.$$

Es gibt gewisse Fälle, in denen außer $A \rightarrow B$ auch $B \rightarrow A$ gilt. Hier ist also die Wahrscheinlichkeitsimplikation umkehrbar. Ob Umkehrbarkeit vorliegt, kann nur die Erfahrung lehren; es ist also wieder eine materiale Behauptung. Das Maß der Wahrscheinlichkeit ist im allgemeinen für beide Richtungen verschieden.

Einige Beispiele: Das Steigen des Barometers impliziert mit Wahrscheinlichkeit, daß das Wetter gut wird. Umgekehrt: Wenn das Wetter gut wird, ist mit Wahrscheinlichkeit zu folgern, daß das Barometer gestiegen ist. Dagegen: Wenn ich Herrn X auf der Straße Y treffe, so folgt mit Wahrscheinlichkeit, daß Herr X nach Z geht. Das Umgekehrte gilt nicht: „Wenn Herr X nach Z geht, so folgt nicht, auch nicht mit Wahrscheinlichkeit, daß ich Herrn X auf der Straße Y treffe.

Im folgenden wird eine Zusammenstellung von Gesetzen der Wahrscheinlichkeitsimplikation gegeben, die weder den Anspruch macht, vollständig zu sein, noch den, eine Tafel unabhängiger Axiome zu bedeuten. Doch dürften die wichtigsten Gesetze damit getroffen sein. Wir bedienen uns dabei der Russelschen Schreibweise der mathematischen Logik, nur mit dem Unterschied, daß wir an Stelle des Russelschen Zeichens für die Negation die übersichtlichere Überstreichung wählen.

Es bedeutet also:

$a \supset b$ a impliziert b

$a \rightarrow b$ a impliziert mit Wahrscheinlichkeit b

$a.b$ a und b

$a \vee b$ a oder b oder beides (das nicht ausschließende „oder")

$\bar{a}$ non-a (Verneinung).

Gesetze der Wahrscheinlichkeitsimplikation.

1*. $(a \rightarrow b) \supset (a \rightarrow \bar{b})$	Doppeldeutigkeit
2*. $(a \rightarrow b.c) \supset (a \rightarrow b).(a \rightarrow c)$	Auflösung des hinteren „und"
3*. $(a \vee b \rightarrow c) \supset (a \rightarrow c).(b \rightarrow c).(a.b \rightarrow c)$	Auflösung des vorderen „oder"
4*. $(a \rightarrow b \vee c) \supset (a \rightarrow b) \vee (a \rightarrow c)$	Auflösung des hinteren „oder"
5*. $(a \rightarrow b) \supset (a.c \rightarrow b)$	Faktor vorn
6*. $(a \rightarrow b).(a \rightarrow c) \supset (a \rightarrow b.c)$	hintere Multiplikation
7*. $(a \rightarrow c).(b \rightarrow c) \supset (a \vee b \rightarrow c)$	vordere Addition
8*. $(a \rightarrow b) \vee (a \rightarrow c) \supset (a \rightarrow b \vee c)$	hintere Addition
9*. $(a \rightarrow b).(b \rightarrow c) \supset (a \rightarrow c)$	Transitivität
10*. $(a \rightarrow b).(b \supset c) \supset (a \rightarrow c)$	Transitivität für den partiellen Grenzfall.

Die Gesetze der Wahrscheinlichkeitsimplikation sind denen der Implikation ganz analog. Man muß dabei nur beachten, daß in ihnen neben der Wahrscheinlichkeitsimplikation auch die Implikation auftritt; man kann nicht etwa in einem für die Implikation richtigen Satz überall das Zeichen $\supset$ durch $\rightarrow$ ersetzen, sondern darf dies nur an gewissen Stellen tun. Die Wahrscheinlichkeitsimplikation ist also auf die Implikation basiert, und die strenge Implikation kann durch die Wahrscheinlichkeitsimplikation nicht entbehrlich gemacht werden. Umgekehrt darf man auch nicht verlangen, obgleich die Implikation ein Grenzfall der Wahrscheinlichkeitsimplikation ist, daß alle Gesetze richtig bleiben,

10*

wenn man überall $\rightarrow$ durch $\supset$ ersetzt. Auch diese Einsetzung darf nur an gewissen Stellen geschehen. Setzt man z. B. in (1*) für das erste $\rightarrow$ ein $\supset$ ein, so darf man dies für das andere $\rightarrow$ nicht tun. Denn das Maß dieser zweiten Wahrscheinlichkeitsimplikation wird $= 0$, wenn das der ersten $= 1$ wird. — Die Bedeutung einzelner dieser Gesetze wird erst im folgenden bei den Anwendungen klar werden.

Wir werden nun daran gehen, mit Hilfe der Wahrscheinlichkeitsimplikation Aussagen über die Kausalstruktur der Welt zu machen. Es sind dies topologische Aussagen, weil in der Wahrscheinlichkeitsimplikation und ihren bisher gegebenen Gesetzen noch kein Gebrauch von dem Maß der Wahrscheinlichkeit gemacht wird. Wir denken uns auf dem Gegenwartsquerschnitt gewisse Ereignisse gegeben, und schließen aus ihnen mit Hilfe von Naturgesetzen auf andere Ereignisse. Die Naturgesetze haben alle die Form $a \rightarrow b$. Woher wir diese Gesetze im einzelnen kennen, insbesondere wie es möglich ist, derartige Gesetze zwischen zeitlich folgenden Ereignissen zu finden, wenn doch immer nur gleichzeitige Ereignisse gegeben sind — das soll uns hier zunächst nicht interessieren. Wir nehmen die Gesetze also als gegeben an. Wir wollen zeigen, daß die Schlußweise topologisch eine andere ist, je nachdem auf vergangene oder zukünftige Ereignisse geschlossen wird.

Für die Aufdeckung des strukturellen Unterschieds der Zeitrichtung benutzen wir folgendes Verfahren. Wir nehmen zunächst an, daß uns anderweitig bekannt sei, ob auf vergangene oder zukünftige Ereignisse geschlossen wird; so gewinnen wir die Charakterisierung der Schlußweise. Umgekehrt darf dann die Besonderheit der Schlußweise zur Definition der Zeitrichtung benutzt werden.

Die einfachste Ordnung der Ereignisse ist die ungeteilte Kette.

Fig. 2

Die ungeteilte Kette.

$$\text{Hier gilt} \quad \begin{array}{lll} A \rightarrow B & B \rightarrow C & A \rightarrow C \\ C \rightarrow B & B \rightarrow A & C \rightarrow A \end{array} \qquad (2)$$

Hier ist keine Richtung ausgezeichnet. Die ungeteilte Kette liefert also keine Kennzeichnung der Zeitrichtung; dies gelingt erst mit dem Auftreten von Knotenpunkten. Wir werden deshalb dazu geführt, die Zeitordnung auf die Eigenschaften einer Netzstruktur zu begründen.

Die einfachste Grundform einer Netzstruktur nach Fig. 1 ist die Gabel. Wir betrachten zunächst eine mit der Spitze in die Zukunft weisende Gabel, die wir Spitzgabel nennen; zum Unterschied von der später zu besprechenden disjunktiven Spitzgabel heißt sie auch konjunktive Spitzgabel.

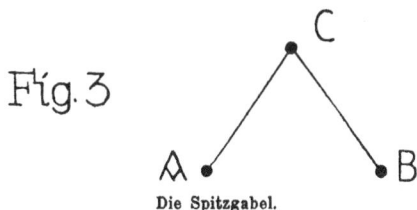

Fig. 3

Die Spitzgabel.

Für sie gilt
$$
\begin{array}{ccc}
A.B \to C & C \to A.B & \\
\overline{A \to C} & C \to A & \overline{A \to B} \\
\overline{B \to C} & C \to B & \overline{B \to A}
\end{array}
\tag{3}
$$

Das Charakteristische ist hier das vordere „und" in der ersten links stehenden Aussage. Es ist, wie bei der strengen Implikation, nicht auflösbar; d. h. nur A und B zusammen bestimmen C. Dies ist das Charakteristische eines Schlusses in die Zukunft. Es gilt also: $\overline{A \to C}$.

Beispiel: In A und B wird je eine Billardkugel losgeschleudert, C ist das Ereignis ihres Zusammenstoßes. Eine Wahrscheinlichkeit für C ist erst gegeben, wenn beide Ereignisse A und B stattfinden, und kann nur aus beiden Einzelwahrscheinlichkeiten für das Eintreffen der Kugeln an dem Ort C berechnet werden. Ist über den Abgang der Kugel in B nichts bekannt, d. h. existiert keine Wahrscheinlichkeit für das Eintreffen dieser Kugel an dem Ort von C, so besteht zwischen dem Abgang der Kugel in A und dem Ereignis C kein Wahrscheinlichkeitszusammenhang.

Die Aussage $A.B \to C$ ist umkehrbar; dadurch entsteht $C \to A.B$. Dieses hintere „und" ist nach 2* auflösbar; so entstehen $C \to A$ und $C \to B$. Wir können hier bereits die Regel für die Zeitrichtung gewinnen:

Richtungsregel: Wenn die Wahrscheinlichkeitsimplikation nur in einer Richtung gilt, so ist das vorn
stehende Ereignis das zeitlich spätere.

In Zeichen:

$$(C \to A).(A \to C) \supset (A < C), \tag{4}$$

wo $A < C$ „A ist früher als C" bedeutet.

Da die Wahrscheinlichkeitsimplikation zwischen C und A
nur in einer Richtung gilt, läßt sich eine Implikation zwischen
A und B in keiner Richtung herstellen; denn $A \to B$ würde
nach 9* $A \to C$ und $C \to B$ verlangen, und entsprechend würde
$B \to A$ voraussetzen $B \to C$ und $C \to A$. Die Spitzgabel ist
also intransitiv.

Durch die Aussagen (3) ist die Spitzgabel völlig festgelegt.
Seien irgend drei Ereignisse gegeben und sei es bekannt, daß
zwischen ihnen die Beziehungen (3) gelten, so müssen diese Ereignisse eine Spitzgabel bilden. Welches der drei Ereignisse die
in die Zukunft weisende Spitze darstellt, ist an dem unsymme-
trischen Auftreten dieses Ereignisses in den Beziehungen (3)
kenntlich. Vertauscht man in (3) A mit B, so entsteht dasselbe
System von Sätzen wie vorher. Vertauscht man aber C mit A
oder B, so entstehen andere Sätze. Die intransitive Gabel hat
also eine topologisch ausgezeichnete Ecke.

Die mit der Spitze in die Vergangenheit weisende Gabel soll
Sattelgabel genannt werden; auch hier werden wir später eine
disjunktive Sattelgabel von der jetzt zu besprechenden konjunktiven Sattelgabel unterscheiden. Für sie gelten die Relationen:

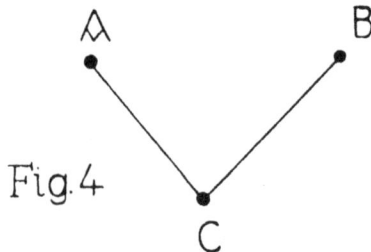

Fig. 4

Die Sattelgabel.

$$
\begin{array}{llll}
A \lor B \to C & C \to A.B & & \\
A \to C & C \to A & A \to B & \quad(5) \\
B \to C & C \to B & B \to A &
\end{array}
$$

Das Charakteristische ist hier das vordere „oder" in der ersten links stehenden Aussage. Es ist nach 3* auflösbar und führt darum, im Gegensatz zur Spitzgabel, auf $A \to C$ und $B \to C$. Mit 9* gilt infolgedessen auch $A \to B$, und auch $B \to A$; die Sattelgabel ist also transitiv.

Beispiel: A und B mögen wieder das Abschleudern je einer Billardkugel bedeuten; aber C bedeutet hier die gemeinsame Ursache, etwa das Signal, auf welches hin die beiden Kugeln losgeschleudert werden. Beobachte ich nur A, so darf ich bereits mit Wahrscheinlichkeit schließen, daß das Signal gegeben wurde. Auch wenn B gar nicht stattfindet, darf von A mit Wahrscheinlichkeit auf C geschlossen werden; es hat vielleicht der Mechanismus des Abschleuderns in B versagt. Die zu der Beobachtung von A hinzu kommende Beobachtung von B verstärkt nur die Wahrscheinlichkeit für C. Und beobachte ich A, während mir über das Stattfinden von B nichts bekannt ist, so darf ich von A über die gemeinsame Ursache C auf B schließen.

Wir erkennen hier den entscheidenden Unterschied zwischen Vergangenheit und Zukunft. Die Spitzgabel und die Sattelgabel sind symmetrisch in Bezug auf den Gegenwartsquerschnitt; wäre die Schlußweise in die Vergangenheit dieselbe wie in die Zukunft, so müßten die Relationen (3) und (5) identisch sein. Aber sie sind gerade in einem wesentlichen Punkt unterschieden: Der Schluß in die Zukunft verlangt ein vorderes „und", der Schluß in die Vergangenheit braucht nur ein vorderes „oder". Den Schluß in die Zukunft erlaubt nur die Gesamtheit aller Ursachen, aber in die Vergangenheit kann man schon aus einer Teilwirkung schließen.

Dabei erfolgt die Kennzeichnung der Zeitrichtung gerade durch die intransitive Gabel, wie wir es in der Richtungsregel formuliert haben; die transitive Gabel ermöglicht die Kennzeichnung der Richtung nicht. Denn gerade wegen der Transitivität hat diese Gabel keine topologisch ausgezeichnete Ecke. Vertauscht man in (5) A mit B, oder B mit C, oder C mit A, so entstehen wieder die Sätze (5) oder solche, die aus ihnen nach den aufgeführten Gesetzen der Wahrscheinlichkeitsimplikation hervorgehen. Darum kann aus (5) nicht gefolgert werden, welche Ecke die zeitlich zurückliegende ist. Es kann überhaupt nicht gefolgert werden, daß die eine Ecke in der Vergangenheit liegen muß. Denkt man sich von einem Ereignis D drei in die Zukunft weisende Kausalketten ausgehend (Fig. 5), die zu den Ereignissen A, B, C der Gegenwart führen, so gelten zwischen diesen auch gerade die Beziehungen (5). Auch die ungeteilte Kette (Fig. 2) führt auf dieselben Beziehungen, denn die Beziehungen (2) sind mit (5) identisch. Darum kann aus dem Bestehen der Beziehungen (5) nicht geschlossen werden, daß eine Sattelgabel vorliegt. Über die Zeitrichtung solcher Ereignisse, die durch (5) verbunden sind, entscheidet erst ihr Zusammenhang mit Spitzgabeln im Netzwerk der Struktur.

Dagegen besteht die Bedeutung der Sattelgabel gerade in der Transitivität. Denn sie ermöglicht die Herstellung der Wahrscheinlichkeitsimplikation zwischen Ereignissen, die nicht durch eine ständig steigende oder ständig fallende Kausalkette verbunden sind. Die Herstellung der Wahrscheinlichkeitsimplikation zwischen Ereignissen desselben Gegenwartsquerschnitts gelingt deshalb nur auf dem Wege über vergangene Ereignisse, nicht über zukünftige Ereignisse; denn nur die in die Vergangenheit zeigende Gabel ist transitiv. Nur die gemeinsame Ursache, nicht die gemeinsame Wirkung stellt eine Wahrscheinlichkeitsbeziehung zwischen gleichzeitigen Ereignissen her.

Die praktische Bedeutung der Sattelgabel für die experimentelle Physik ist außerordentlich groß. Die große Mehrzahl aller Schlüsse, auch über zukünftige Ereignisse, wird auf dem Weg über die Sattelgabel gewonnen. Wird z. B. eine Temperatur im elektrischen Ofen durch die Heizstromstärke kontrolliert, so liegt eine Sattelgabel vor. Beobachtet wird ein Zeigerausschlag, von ihm wird auf die Stärke des elektrischen Stroms als Ursache rückgeschlossen, und von da wieder auf die zweite Wirkung des Stromes, die Erwärmung. Auf diesem Prinzip beruhen alle Meßinstrumente. Dabei wird die beobachtete Teilwirkung A der Ursache C so ausgewählt, daß für die Relation $A \Rightarrow C$ eine sehr hohe Wahrscheinlichkeit gilt. Damit ist dann C sicher gestellt. Wird nun B beobachtet, so kann damit die Relation $C \Rightarrow B$

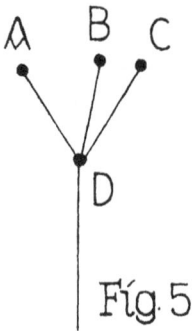

Fig. 5

Gabel mit drei Zweigen.

experimentell gewonnen werden. Meistens wird auch B nicht
direkt beobachtet, sondern wieder nur eine Teilwirkung D von B,
welche den Schluß $D \rightarrow B$ mit hoher Wahrscheinlichkeit erlaubt.
Das Schlußschema entspricht dann Fig. 6, in der die Ketten großer
Wahrscheinlichkeit stark gezeichnet sind. Will man z. B. einen
elektrischen Ofen auf Temperatur eichen, so bedeutet in Fig. 6

A Zeigerausschlag am Ampère-
    meter
C Stromstärke
B Temperatur
D Zahlenangabe eines Thermo-
    meters.

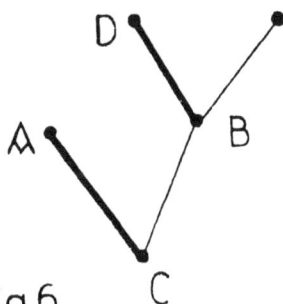

Ein Analogon dieses Schlußver-
fahrens auf einem ganz andern Gebiet ist der Indizienbeweis der
Jurisprudenz. Bei der durch Indizien nachgewiesenen Täterschaft
an einem Mord würde in Fig. 6 etwa bedeuten:

Fig. 6

Schluß auf Ereignisse einer andern Kette
mit Hilfe der Sattelgabel.

A Fingerabdruck des X, gefunden am Tatort
C Anwesenheit des X am Tatort
B Mord
D Spuren des Mordes.

Bei diesem Schluß wird für $C \rightarrow B$ eine große Wahrscheinlichkeit angenommen, dagegen für $B \rightarrow C$ eine kleine. Aus den
Spuren des Mordes allein kann man also nicht auf die Täterschaft des X schließen, wohl aber, wenn der Fingerabdruck hin-
zukommt.

Die Transitivität der Sattelgabel gibt uns auch die Antwort
auf eine Frage, die wir oben berührt haben. Gegeben ist stets
nur der Gegenwartsquerschnitt, beobachtet werden also nur Wahrscheinlichkeitsimplikationen zwischen gleichzeitigen Ereignissen.
Wie ist es möglich, Aussagen der Form $C \rightarrow A$ zu gewinnen,
wenn C die Ursache von A ist? Auch hier ist wieder die Sattelgabel das Hilfsmittel, und zwar werden vor allem Sattelgabeln
benutzt, deren einer Zweig eine hohe Wahrscheinlichkeit gewährt.
Aber es ist in der Tat wichtig, sich darüber klar zu sein, daß

die gesamte Vergangenheit eine Netzkonstruktion ist, die allein an Wahrscheinlichkeitsimplikationen zwischen gleichzeitigen Ereignissen angeknüpft wird.

Die Transitivitätseigenschaft der Sattelgabel ermöglicht es häufig, einen Schluß in die Vergangenheit mit sehr viel größerer Sicherheit auszuführen als in die Zukunft. In Fig. 7 ist eine nach Vergangenheit und Zukunft symmetrische Verkettung gezeichnet, in der die Kette AB besonders unsicher sein soll, und zwar nach beiden Richtungen. Infolge dessen ist die Vorausbestimmung des B von A aus unsicher, und ebenso die Rückbestimmung des A von B aus. Jedoch gibt es die Möglichkeit, von einem andern Ereignis C aus A als vergangenes Ereignis mit größerer Sicherheit zu bestimmen, auf dem Wege $CDEFA$. Die entsprechende Möglichkeit, B als zukünftiges Ereignis von F aus sicherer über $FEDCB$ zu bestimmen, existiert aber nicht, denn über C hinweg kann nicht geschlossen werden, weil DCB eine Spitzgabel ist. So kommt es, daß die Vorausbestimmung von Ereignissen durch eine unsichere Kette sehr gestört wird, während die Rückbestimmung im entsprechenden Fall sehr sicher sein kann.

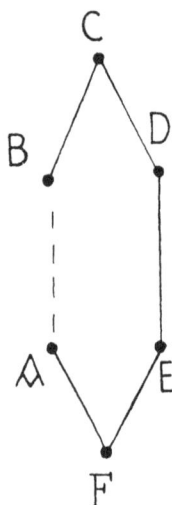

Fig. 7

Auftreten einer besonders
unsicheren Kette.

Jedoch ist es nicht der höhere Wahrscheinlichkeitsgrad, was die Besonderheit des Schlusses in die Vergangenheit ausmacht. Es gibt ja auch Fälle, für die der Vergangenheitsschluß unsicher wird. Sondern die Art der Schlußweise unterscheidet den Rückschluß vom Vorwärtsschluß. Wir wollen, um dies ganz deutlich zu machen, noch eine weitere Struktur betrachten. Die Doppelgabel der Fig. 8 ist der Verkettung nach für Vergangenheit und Zukunft symmetrisch. Aber in den Wahrscheinlichkeitsrelationen ergibt sich Unsymmetrie. Es gilt nämlich für die Doppelgabel:

$$A.B \rightarrow C.D$$
$$C \vee D \rightarrow A.B$$

(6)

$A.B$ ist die Gesamtursache, $C.D$ die Gesamtwirkung. Daß man vom Ganzen auf den Teil schließen kann, gilt allerdings für beide Richtungen; dies rührt her von einer Grundeigenschaft der Implikation, die wir schreiben können: $a.b \supset a$. Es ist in den Gesetzen der Wahrscheinlichkeitsimplikation durch 2* ausgedrückt, d. h. durch die Auflösbarkeit des hinteren „und", welche für beide Gleichungen (6) gilt. Aber beim Schluß in die Vergangenheit kann man vom Teil zum Ganzen schließen — dies besagt das vordere „oder" in der zweiten Gleichung — während dies beim Zukunftsschluß unmöglich ist — hier steht vorn ein „und".

Von dieser Erkenntnis aus gelingt eine Begriffsbestimmung, die wir eingangs schon berührt haben. Wir nannten dort die Zukunft objektiv unbestimmt, im Gegensatz zur Vergangenheit, die objektiv bestimmt ist. Was bedeutet nun objektive Bestimmtheit? Man ist leicht zu folgender Definition geneigt: Ein Zustand ist objektiv bestimmt, wenn die Wahrscheinlichkeit, mit der er subjektiv bestimmt werden kann, beliebig nahe an 1 gesteigert werden kann. Diese Definition hat zunächst den Nachteil, daß sie den Grad der Bestimmbarkeit benutzt, um das Objektive zu definieren. Sie wird aber ganz unhaltbar, wenn man die Annahme fallen läßt, daß eine Grenzfunktion existiert, die einen Weltquerschnitt mit völliger Strenge beschreibt. Denn dann entspricht der Wahrscheinlichkeit 1 gar kein definierter Weltzustand; der Grenzfall ist ausgeartet und kann nicht zur Definition des Objektiven verwandt werden.

Wir können aber auf andere Weise den Begriff „objektiv bestimmt" gewinnen. Wir werden die Vergangenheit objektiv bestimmt nennen, weil sie aus einer Teilwirkung schon erschlossen werden kann. Denn ein Schluß vom Teil zum Ganzen setzt voraus, daß das Ganze bereits unabhängig feststeht. Wir verfolgen ja mit dem Begriff „objektiv bestimmt" den Gedanken, daß wir den Zustand nicht mehr ändern können; eben dies bringt die Eigenart des Vergangenheitsschlusses zum Aus-

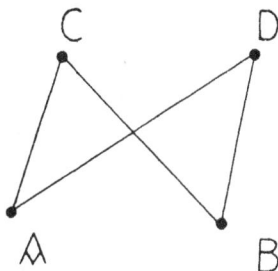

Fig. 8

Doppelgabel.

druck, der ein Bezeugen, nicht ein Bewirken charakterisiert. Ein Bezeugen können schon Teilwirkungen leisten; niemals aber können Teilursachen das Geschehen hervorbringen. Darum kann eine Aussage über die Zukunft erst gewonnen werden, wenn es feststeht, daß alle Teilursachen da sind; aber für den Vergangenheitsschluß sind nicht alle Teilwirkungen notwendig. Es ist charakteristisch, daß wir vergangene Ereignisse registrieren können. Welche Temperatur herrschte vorgestern in diesem Zimmer? Wollten wir dies aus den heute noch irgend wie vorhandenen Wirkungen erschließen, so kommen wir in große Schwierigkeiten. Steht aber ein Registrierthermometer im Zimmer, so ist es leicht, die Antwort zu finden; die Wirkungskette, die an diesem Apparat angreift, können wir zu einem Rückschluß großer Wahrscheinlichkeit verwenden, und die weiteren Wirkungen brauchen wir für den Rückschluß nicht mehr. Eine analoge Einrichtung für die Zukunft ist aber nicht möglich. Wir können die Zukunft nicht registrieren, d. h. eine einzelne Teilkette genügt nicht, um sie zu bestimmen.[1])

Die Zukunft müssen wir deshalb „objektiv unbestimmt" nennen. Denn wenn die Grenzfunktion nicht existiert, so ist die Gesamtheit aller Teilursachen keine definierte Größe. Man kann dann nicht sagen, daß es nur ein Mangel an technischen Mitteln ist, der die Bestimmtheit des zukünftigen Weltzustandes unter die Gewißheitsgrenze drückt; sondern die Unbestimmtheit ist eine objektive Eigenschaft der Kausalstruktur.

So reduziert sich der Unterschied von „objektiv bestimmt" und „objektiv unbestimmt" auf einen topologischen Unterschied der Wahrscheinlichkeitsimplikation; der Unterschied der beiden Begriffe „oder" und „und" wird nicht nur entscheidend für den Unterschied von Vergangenheit und Zukunft, sondern auch für die Charakterisierung des objektiv Bestimmten im Gegensatz zum Unbestimmten. So sehr auch eine solche Begriffsbestimmung im Anfang befremden mag — wenn man sich einmal von dem Gedanken frei gemacht hat, das objektiv Feststehende durch den Grad der Bestimmbarkeit zu charakterisieren, erscheint sie sehr

---

[1]) Darum gibt es eine Geschichtswissenschaft nur von der Vergangenheit. Die Chronik, d. i. das Registrieren der Ereignisse, ist das typische Kennzeichen der Geschichte.

viel glücklicher als diese. Denn sie benutzt einen qualitativen
Unterschied, und nicht einen quantitativen, zur Kennzeichnung
des Objektiven. Sie soll doch schließlich die Tatsache zum Ausdruck bringen, daß die Vergangenheit jedem Wirkungseinfluß ent-
zogen ist; aber das ist ein qualitativer Unterschied, der nicht
durch einen Wahrscheinlichkeitsgrad getroffen werden kann.

Man könnte den Gedanken, daß der Wirkungseinfluß sich
nur zeitlich vorwärts ausbreiten kann, auch folgendermaßen zu
formulieren suchen. Ist A die Ursache von C, und bringt man
in A eine kleine Änderung an, so wird auch in C eine kleine
Änderung auftreten. Wenn man aber in C eine kleine Änderung
anbringt, so entsteht in A keine Änderung. Aber die Formulierung mit Hilfe der willkürlich angebrachten Änderung ist an-
fechtbar, weil es vom Standpunkt des Determinismus gar nicht
möglich ist, eine Änderung willkürlich anzubringen. Dieser Fehler
wird vermieden, wenn man die Wahrscheinlichkeitsimplikation
benutzt. Eine Änderung in C
bedeutet eben, daß dort noch
eine zweite, nicht von A kommende Kausalkette eintrifft, so
daß die Spitzgabel (Fig. 9) entsteht; und daß diese zusätzliche
von B kommende Kette keinen
Einfluß auf A hat, drückt sich
in dem Fehlen einer Wahrscheinlichkeitsimplikation zwischen B
und A aus. Greift dagegen die
zusätzliche Kette, von B' kom-
mend, in A an (Fig. 9), so gilt
wegen $C \rightarrow A$ und $A \rightarrow B'$ nach

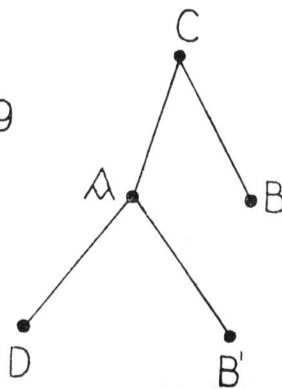

Fig. 9

Spitzgabeln als Erklärung für die Ein-
sinnigkeit des Wirkungseinflusses.

9* $C \rightarrow B'$, d. h. es ist die Wirkung von B' in C zu beobachten.
Der Begriff der Wahrscheinlichkeitsimplikation erlaubt also die
einwandfreie Formulierung der Tatsache, daß die Wirkung sich
nur zeitlich vorwärts, nicht rückwärts ausbreitet.

III. Zusammenhang von Vor- und Rückwahrscheinlichkeit.

Wir haben im Vorangehenden angenommen, daß sowohl eine
Wahrscheinlichkeit für die Richtung „zeitlich vorwärts" als auch

für die Richtung „zeitlich rückwärts" besteht. Wir wollen zeigen,
welche Voraussetzung in diesen Annahmen enthalten ist, und wie
sich die Rückwahrscheinlichkeit aus der Vorwahrscheinlichkeit
berechnen läßt. Dazu müssen wir in das Strukturbild noch eine
andere Art der Verknüpfung eintragen, die Verknüpfung mit
möglichen Kausalketten.

    1. Die disjunktive Spitzgabel. Es sei B eine Wirkung,
die sowohl bei Auftreten der Ursache A_1 als auch bei A_2 ent-
steht; aber B soll nicht durch ein Zusammenwirken der beiden
Ursachen entstehen, sondern gerade nur dann eintreten, wenn nur
eine der Ketten $A_1 B$ oder $A_2 B$ vorliegt. Dies unterscheidet den
Fall von der konjunktiven Spitzgabel des vorigen Abschnitts.
Zur Kennzeichnung der disjunktiven Eigenschaft setzen wir einen
Winkelbogen in die Figur.

    Für die disjunktive Eigenschaft wollen wir eine besondere
Schreibweise einführen. Wir dürfen nicht sagen, daß die Kombination $A_1 A_2$ mit dem Ein-
treten von B unvereinbar ist,
denn A_2 (bzw. A_1) kann, da
es B nur mit Wahrscheinlichkeit impliziert, eine andere
Wirkung Q_i haben, während
A_1 gerade B liefert. Nur wenn
keine weitere Wirkung Q_i von
A_1 oder A_2 vorliegt, ist B
mit der Kombination $A_1 A_2$
unvereinbar; denn da wir an-

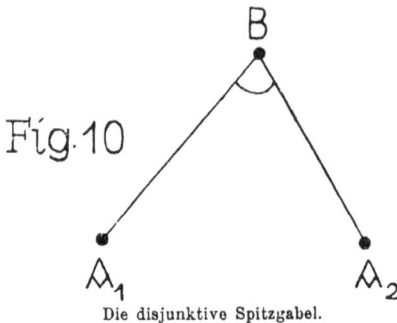

Fig. 10

Die disjunktive Spitzgabel.

nehmen, daß eine Kausalkette niemals endigt, müssen dann beide
Ketten $A_1 B$ und $A_2 B$ vorliegen, und dies ist nach Voraussetzung
mit B unvereinbar. Wir schreiben deshalb:

$$B \rightarrow A_1 \wedge A_2 = \begin{cases} B . Pl(Q_i) \rightarrow A_1 . A_2 \quad [0] \\ B . Pl(\overline{Q_i}) \rightarrow A_1 \qquad [p] \\ B . Pl(\overline{Q_i}) \rightarrow A_2 \qquad [q] \\ Q_i \rightarrow A_1 \vee A_2 \end{cases} Df. \qquad (7)$$

    Hier bedeutet $Pl(\overline{Q_i})$ das logische Produkt aller möglichen
$\overline{Q_i}$, also

$$Pl(\overline{Q_i}) = \overline{Q_1} . \overline{Q_2} \ldots \overline{Q_n} \; Df. \qquad (8)$$

Der Buchstabe bzw. die Zahl in der [ ] bedeutet das **Maß** der betreffenden Wahrscheinlichkeitsimplikation; wesentlich in der gegebenen Definition ist, daß dieses Maß in der ersten Zeile $= 0$ wird. Wir lesen den in (7) links stehenden Ausdruck, der durch die rechte Seite definiert wird, als „B allein bestimmt entweder A_1 oder A_2". Das Zeichen $\wedge$ bedeutet also das „ausschließende oder"; aber man muß beachten, daß wir nicht dieses Zeichen, sondern nur den Ausdruck $B \rightarrow A_1 \wedge A_2$ definiert haben, und daß dieser Ausdruck noch die Bedeutung von „B allein" enthält.

Wir können nun die Relationen der disjunktiven Spitzgabel schreiben:

$$A_1 \vee A_2 \rightarrow B \qquad B \rightarrow A_1 . A_2 \qquad B \rightarrow A_1 \wedge A_2. \qquad (9)$$

Hieraus folgt mit (7), 2*, 3*, 5*, 9*

$$\begin{aligned} A_1 \rightarrow B \qquad A_2 \rightarrow B \qquad B \rightarrow A_1 \qquad B \rightarrow A_2 \\ A_1 \rightarrow A_2 \qquad A_2 \rightarrow A_1 \end{aligned} \qquad (10)$$

Hier ist zunächst das vordere „oder" in dem ersten der Ausdrücke (9) auffallend, da es sich in diesem Ausdruck um einen Zukunftsschluß handelt. Dieses „oder" kann nur deshalb eintreten, weil der Ausdruck $B \rightarrow A_1 \wedge A_2$ hinzutritt, also der disjunktive Fall vorliegt. Sodann ist die Folgerung $A_1 \rightarrow A_2$ und $A_2 \rightarrow A_1$ auffallend, welche ein Zahlenverhältnis zwischen Ereignissen besagt, die nicht durch eine gemeinsame Ursache, sondern durch eine **Wirkung** miteinander verbunden sind. Freilich ist dies nicht eine **gemeinsame** Wirkung, sondern eine **gleiche** Wirkung, und zwar eine **mögliche gleiche Wirkung.** Wir wollen, um die Richtigkeit unserer Schlüsse (und damit auch unserer Gesetze der Wahrscheinlichkeitsimplikation) zu zeigen, diesen Fall genauer verfolgen.

Sind alle Aussagen (9) und (10) richtig? Insbesondere die erste Aussage (9) und die letzten beiden Aussagen (10) erscheinen zweifelhaft. Aber irgendwelche Wahrscheinlichkeitsimplikationen müssen hier bestehen, und zwar folgt aus dem Sinn des Problems:

$$A_1 . A_2 \rightarrow B \quad [u] \qquad (11)$$

$$\overline{A_1} . A_2 \rightarrow B \quad [v] \qquad (12)$$

$$B \rightarrow A_1 . A_2 \quad [u'] \qquad (13)$$

$$B \rightarrow \overline{A_1} . A_2 \quad [v'] \qquad (14)$$

Die ersten beiden dieser Gleichungen besagen die Definition des Problems, die letzten beiden die Annahme der entsprechenden beiden Rückwahrscheinlichkeiten. Es muß aber noch eine weitere Gleichung gelten:

$$A_1 . A_2 \rightarrow B \quad [s] \qquad (15)$$

Denn falls A_1 und A_2 da sind, können wir B als Spitze einer konjunktiven Spitzgabel deuten, deren Ketten die Wahrscheinlichkeit u und $1 - v$ bzw. $1 - u$ und v haben; es gilt also

$$s = u(1 - v) + v(1 - u) = u + v - 2uv \qquad (16)$$

Wir wollen zeigen, daß aus den 5 Gleichungen (11)—(15) die Beziehungen (9) und (10) sämtlich folgen; und zwar wollen wir dies nicht mit Hilfe unserer Gesetze der Wahrscheinlichkeitsimplikation zeigen — damit wäre es sofort bewiesen — sondern durch Ausrechnen. Wir wollen alle möglichen Kombinationen der 3 Ereignisse A_1, A_2, B in ihrem Eintreffen und Nichteintreffen verfolgen. Dabei wollen wir der Einfachheit halber annehmen, daß außer A_1 und A_2 keine weiteren Ursachen für B möglich sind; dies bedeutet keine Einschränkung unserer Behauptungen, sondern verringert nur die Zahl der Unbekannten und der Gleichungen. In der folgenden Tabelle sind die möglichen Kombinationen mit ihren Häufigkeiten, die man sich experimentell beobachtet denken möge, hingeschrieben:

$$
\begin{aligned}
&A_1 . \overline{A_2} . B & n_1 \\
&A_1 . \overline{A_2} . \overline{B} & n_2 \\
&\overline{A_1} . A_2 . B & n_3 \\
&\overline{A_1} . A_2 . \overline{B} & n_4 \\
&A_1 . A_2 . B & n_5 \\
&A_1 . A_2 . \overline{B} & n_6
\end{aligned}
\qquad (17)
$$

Wegen der genannten vereinfachenden Voraussetzung existiert eine Kombination $\overline{A_1} . A_2 . B$ nicht; die Kombination $\overline{A_1} . \overline{A_2} . \overline{B}$ brauchen wir nicht zu berücksichtigen, da sie in keiner der Beziehungen (9) und (10) mitgezählt ist. Es entsteht nun die Frage: werden die einmal beobachteten Häufigkeiten $n_1 \ldots n_6$ in ihrem Verhältnis ungeändert erhalten, wenn man die Zählung über eine größere Zahl von Ereignissen erstreckt?

Durch die 5 Beziehungen (11)—(15) sind die 5 Gleichungen gegeben:

$$\frac{n_1}{n_1 + n_2} = u \tag{18}$$

$$\frac{n_3}{n_3 + n_4} = v \tag{19}$$

$$\frac{n_1}{n_1 + n_3 + n_5} = u' \tag{20}$$

$$\frac{n_3}{n_1 + n_3 + n_5} = v' \tag{21}$$

$$\frac{n_5}{n_5 + n_6} = s \tag{22}$$

Diese 5 Gleichungen sind voneinander unabhängig. (18), (19), (22) bedeuten nur den Zusammenhang zwischen n_1 und n_2, n_3 und n_4, n_5 und n_6, und sind unabhängig sowohl voneinander als von (20) und (21). Diese letzteren beiden sind aber ebenfalls voneinander unabhängig.

Es sind also mit (18)—(22) die Verhältnisse der 6 Unbekannten $n_1 \ldots n_6$ festgelegt, und darum müssen diese Verhältnisse konstant bleiben, wenn die Beziehungen (11)—(15) gelten. Dann muß aber auch jede andere Wahrscheinlichkeitsbeziehung zwischen den Größen A_1, A_2, B gelten, denn sie wird durch Auszählen der Häufigkeiten $n_1 \ldots n_6$ gewonnen. Z. B. wird die Wahrscheinlichkeit für $A_1 \rightarrow A_2$

$$t = \frac{n_5 + n_6}{n_1 + n_2 + n_5 + n_6} \tag{23}$$

und dies muß konstant bleiben, wenn die Verhältnisse der $n_1 \ldots n_6$ konstant bleiben. Damit ist bewiesen, daß die Beziehungen (9) und (10) die Folge von (11)—(15) sind, ohne daß für den Beweis die Gesetze der Wahrscheinlichkeitsimplikation benutzt werden.[1]

Es sei noch der Fall besprochen, daß sowohl A_1 als auch A_2 keine andere Wirkung haben können als B, also $A_1 \rightarrow B$ [1],

---

[1] Der Beweis ließe sich ebenso führen, wenn man an Stelle von (13) und (14) die Relationen $B \rightarrow A_1$ und $B \rightarrow A_2$ oder auch an Stelle von (11) und (12) die Relationen $A_1 \rightarrow B$ und $A_2 \rightarrow B$ benutzen würde.

$A_2 \rightarrow B$ [1]. Dann ist $A_1 . A_2 . B$ unmöglich und $n_5 = 0$. Hier werden aber (20) und (21) voneinander abhängig, weil dann $u' + v' = 1$ wird. Es sind also 4 Gleichungen für 5 Unbekannte vorhanden und wieder nur die Verhältnisse der $n_1 n_2 n_3 n_4 n_6$ festgelegt.

Wir können jetzt die Konsequenzen der Beziehungen (9) und (10) verfolgen. Mit $A_1 \rightarrow A_2$ und $A_2 \rightarrow A_1$ ist gesagt, daß die beiden Ereignisse A_1 und A_2 in ihrem Auftreten eine regelmäßige Häufigkeit befolgen. Wenn man alle Ereignisse der Welt durchsieht, so findet man, daß die Häufigkeit von A_1 und A_2 ein konstantes Verhältnis zeigt. Nicht nur die gemeinsame Ursache, sondern auch die mögliche gleiche Wirkung stellt eine Wahrscheinlichkeits- und Häufigkeitsbeziehung zwischen Ereignissen her.

Dieses Resultat folgt aus der Existenz einer Vor- und Rückwahrscheinlichkeit. Würde nur die Rückwahrscheinlichkeit gelten, so würde eine regelmäßige Häufigkeit nur zwischen BA_1 und BA_2 gelten, d. h. man dürfte nur die Fälle zählen, in denen A_1 oder A_2 von B begleitet sind.

2. Die disjunktive Sattelgabel. Hier gelten dieselben Relationen wie bei der disjunktiven Spitzgabel; die disjunktive Gabel liefert also keine Auszeichnung einer Richtung

$$B_1 \vee B_2 \rightarrow A \qquad A \rightarrow B_1 . B_2 \qquad A \rightarrow B_1 \wedge B_2 \qquad (24)$$

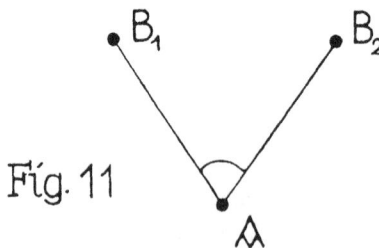

Fig. 11

Die disjunktive Sattelgabel.

Die Aussage $A \rightarrow B_1 \wedge B_2$ ist dabei gerade so definiert wie in (7) angegeben, nur daß hier unter Q_i die weiteren möglichen Ursachen von B_1 oder B_2 zu verstehen sind. — Die Relationen sind hier dieselben wie bei der konjunktiven Sattelgabel, das Hinzutreten der disjunktiven Beziehung bedeutet also keine Änderung.

Das Resultat über die Häufigkeit von Ereignissen, das dem obigen entspricht, heißt hier: die gemeinsame Ursache stellt eine Häufigkeitsbeziehung zwischen Ereignissen auch dann her, wenn immer nur eines der Ereignisse Wirkung der betreffenden Ursache sein kann.

Beide Aussagen zusammen formulieren wir als das

Verteilungsgesetz für Ereignisse in der Welt: Solche Ereignisse, die auf eine gleiche oder gemeinsame Ursache zurückgeführt werden können, oder eine gleiche Wirkung haben können, zeigen in ihrem Auftreten in der Welt eine regelmäßige gegenseitige Häufigkeit.

3. Die konjunktive Spitzgabel. Wir gehen jetzt dazu über, für einige Fälle die Rückwahrscheinlichkeit aus der Vorwahrscheinlichkeit quantitativ zu berechnen. Wir beginnen mit der konjunktiven Spitzgabel. In der Fig. 12 sind die Vorwahrscheinlichkeiten eingetragen; sie heißen p_i und q_i, während die entsprechenden Rückwahrscheinlichkeiten p_i' und q_i' heißen sollen.

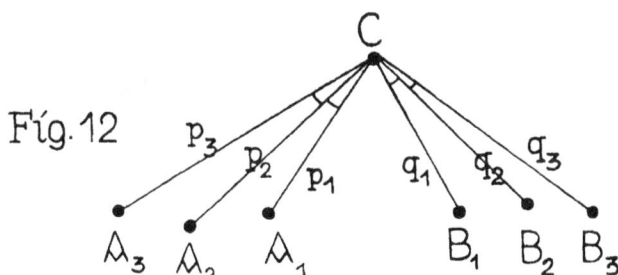

Spitzgabel mit eingezeichneten andern möglichen Ursachen.

Für das Maß der Wahrscheinlichkeit in $A \rightarrow B$, welches wir früher in [ ] der Aussage hinzugefügt haben, wollen wir die Bezeichnung $W(A \rightarrow B)$ einführen. Dann wird, da A_1 und B_1 unabhängige Ereignisse sein sollen:

$$W(A_1 . B_1 \rightarrow C) = r_1 = p_1 \cdot q_1 \qquad (25)$$

Hier bedeuten die Größen p_i und q_i nicht etwa die Wahrscheinlichkeiten $W(A_i \rightarrow C)$ und $W(B_i \rightarrow C)$, da diese Implikationen nach (3) nicht existieren. Sondern sie bedeuten nur die Wahrscheinlichkeit, daß die von A_i bezw. B_i herkommende Teilwirkung in C eintrifft. Daher ergibt erst ihr Produkt die Wahrscheinlichkeit r_i.

Um aus dieser Vorwahrscheinlichkeit auf die Rückwahrscheinlichkeit schließen zu können, müssen wir A_i und B_i ($i > 1$), die andern möglichen Ursachen für C, hinzuziehen. Und zwar müssen wir über die sämtlichen möglichen Ursachen für C eine Annahme machen, etwa eine der beiden folgenden Annahmen:

Annahme H. Irgend zwei Ereignisse $A_i B_k$ können zusammen C liefern.

Dann ist

$$W(A_i . B_k \Rightarrow C) = p_i \cdot q_k \qquad (26)$$

Annahme J. Zu jedem A_i muß ein bestimmtes B_i hinzutreten, damit C entsteht.

Dann ist

$$\begin{aligned} W(A_i . B_i \Rightarrow C) &= p_i \cdot q_i \\ W(A_i . B_k \Rightarrow C) &= 0 \end{aligned} \quad i \neq k \qquad (27)$$

Wir fragen jetzt: wie groß ist

$$W(C \Rightarrow A_1) = p_1' \quad W(C \Rightarrow B_1) = q_1' \quad W(C \Rightarrow A_1 . B_1) = r_1'$$

Für die Berechnung benutzen wir die Bayessche Regel.[1]) Diese lautet: Sind $X_1 \ldots X_n$ alle möglichen Ursachen für Y, und ist

$$W(X_i \Rightarrow Y) = z_i, \qquad W(X_i) = \alpha_i$$

so ist

$$W(Y \Rightarrow X_i) = z_i' = \frac{\alpha_i z_i}{\sum\limits_{1}^{n} \alpha_k z_k} \qquad (28)$$

$W(X_i)$ ist die sogenannte „apriorische Wahrscheinlichkeit" für X_i, d. h. die relative Wahrscheinlichkeit der X_i gegeneinander in ihrem Auftreten in der Welt. Diese Größen α_i können auch sämtlich gleich groß werden, dann wird[2])

$$z_i' = \frac{z_i}{\sum\limits_{1}^{n} z_k} \qquad (29)$$

---

[1]) Vgl. jedes Lehrbuch der Wahrscheinlichkeitsrechnung, etwa Czuber, 1908, S. 175.

[2]) Wie man aus (28) und (29) sieht, wird $\sum\limits_{1}^{n} z_i' = 1$; die z_i' heißen deshalb „verbundene Wahrscheinlichkeiten." Dagegen sind die z_i „unverbundene Wahrscheinlichkeiten", d. h. $\sum\limits_{1}^{n} z_i \gtrless 1$.

Ohne die a_i ist jedoch das Problem nicht vollständig definiert und p_i' nicht berechenbar. Die a_i sind offenbar die relativen Wahrscheinlichkeiten unseres Verteilungsgesetzes; wir wollen sie deshalb Verteilungswahrscheinlichkeiten nennen, da die Verwendung des Begriffs „apriori" in diesem Zusammenhang irreführen kann. Nur weil sie existieren, ist die Rückwahrscheinlichkeit aus der Vorwahrscheinlichkeit berechenbar. In den Schulbeispielen der Bayesschen Regel werden die a_i gewöhnlich dadurch begründet, daß man die X_i auf eine gemeinsame Ursache X zurückführt, welche die X_i disjunktiv erzeugt. Diese Begründung ist jedoch nicht notwendig. Wenn eine Rückwahrscheinlichkeit existiert, so müssen die a_i existieren; dies genügt uns als Begründung.

Mit der Bayesschen Regel nach (28) kommen wir jetzt auf unser Problem zurück. Sei $W(A_i) = a_i$ und $W(B_i) = \beta_i$. Die Anzahl der möglichen Ursachen A_i sei m, die der B_i sei n. Wir können jede Kombination $A_i B_k$ als Einzelereignis auffassen, welches die apriorische Wahrscheinlichkeit $a_i \beta_k$ hat und mit der Wahrscheinlichkeit $p_i q_k$ die Wirkung C erzeugt. Dann wird nach (28), wenn wir Annahme H zugrunde legen:

$$p_1' = \frac{a_1 p_1 \cdot \sum\limits_1^n \beta_i q_i}{\sum\limits_1^m \sum\limits_1^n a_i p_i \beta_k q_k} = \frac{a_1 p_1}{\sum\limits_1^m a_i p_i}$$

$$q_1' = \frac{\beta_1 q_1 \sum\limits_1^m a_i p_i}{\sum\limits_1^m \sum\limits_1^n a_i p_i \beta_k q_k} = \frac{\beta_1 q_1}{\sum\limits_1^n \beta_i q_i} \qquad (30)$$

$$r_1' = \frac{a_1 p_1 \beta_1 q_1}{\sum\limits_1^m \sum\limits_1^n a_i p_i \beta_k q_k} = p_1' \cdot q_1'$$

Mit Annahme J wird dagegen (hier muß $m = n$ sein)

$$p_1' = q_1' = r_1' = \frac{a_1 p_1 \beta_1 q_1}{\sum\limits_1^m a_i p_i \beta_i q_i} \qquad (31)$$

Bei Annahme H berechnet sich also die Rückwahrscheinlichkeit r_1' aus den einzelnen Rückwahrscheinlichkeiten p_1' und q_1' gerade so wie sich die entsprechende Vorwahrscheinlichkeit r_1 aus den einzelnen Vorwahrscheinlichkeiten p_1 und q_1 berechnet. Bei Annahme J dagegen wird die Berechnung für die Rückwahrscheinlichkeit anders, und zwar werden hier alle drei Rückwahrscheinlichkeiten gleich. Ob Annahme H oder J der Wirklichkeit entspricht, hängt natürlich von den besonderen Bedingungen des Problems ab; im allgemeinen wird wohl ein aus beiden Annahmen gemischter Fall vorliegen. Dann berechnet sich für r_1' ein entsprechender Zwischenwert.

4. Die konjunktive Sattelgabel. Auch hier müssen wir, um die Rückwahrscheinlichkeit aus der Vorwahrscheinlichkeit berechnen zu können, noch eine Annahme hinzunehmen. Wir wählen zunächst die

Annahme K: B_1 und B_2 haben notwendig eine gemeinsame Ursache.

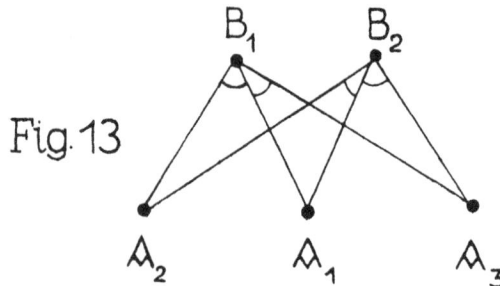

Sattelgabel mit eingezeichneten andern möglichen Ursachen nach Annahme K.

Seien $A_1 \ldots A_m$ (Fig. 13) die möglichen gemeinsamen Ursachen; ihre Verteilungswahrscheinlichkeit sei $W(A_i) = a_i$. Wir führen noch die Bezeichnungen ein:

$$W(A_i \to B_1) = p_i \qquad W(B_1 \to A_i) = p_i'$$
$$W(A_i \to B_2) = q_i \qquad W(B_2 \to A_i) = q_i'$$
$$W(A_i \to B_1 B_2) = r_i \qquad W(B_1 B_2 \to A_i) = r_i'$$

Dann wird

$$p_i' = \frac{a_i p_i}{\sum\limits_1^m a_k p_k} \qquad q_i' = \frac{a_i q_i}{\sum\limits_1^m a_k q_k} \qquad (32)$$

$$r_i' = \frac{a_i\, p_i\, q_i}{\sum\limits_{1}^{m} a_k\, p_k\, q_k} = \frac{p_i' \cdot q_i'}{a_i \sum\limits_{1}^{m} \frac{1}{a_k}\, p_k'\, q_k'} \tag{32}$$

Für die Diskussion dieser Formeln nehmen wir den einfachen Fall an, daß die a_i alle gleich groß werden. Dann reduzieren sich die Formeln (32) auf

$$p_i' = \frac{p_i}{\sum\limits_{1}^{m} p_k} \qquad q_i' = \frac{q_i}{\sum\limits_{1}^{m} q_k} \qquad r_i' = \frac{p_i'\, q_i'}{\sum\limits_{1}^{m} p_k'\, q_k'} \tag{33}$$

Die Größen p_i', q_i', r_i' sind als Wahrscheinlichkeiten alle < 1, wie man auch leicht sieht. Es wird aber außerdem

$$r_i' > p_i' \cdot q_i' \tag{34}$$

denn

$$\sum\limits_{1}^{m} p_k'\, q_k' < \sum\limits_{1}^{m} \sum\limits_{1}^{m} p_k'\, q_i' = \sum\limits_{1}^{m} p_k' \cdot \sum\limits_{1}^{m} q_i' = 1$$

Würde man die Sattelgabel nach oben klappen, so daß eine Spitzgabel entstände, so würde sich, wenn p_i', q_i', r_i' jetzt die entsprechenden Vorwahrscheinlichkeiten bedeuten, $r_i' = p_i' \cdot q_i'$ ergeben.[1]) Man erkennt: der Vergangenheitsschluß von zwei Ereignissen auf eines liefert eine größere Wahrscheinlichkeit als der entsprechende Zukunftsschluß bei gleichen Wahrscheinlichkeiten. So drückt sich auch in metrischer Beziehung die Besonderheit des Vergangenheitsschlusses aus, als einer Aussage über ein Bezeugen, im Gegensatz zum Bewirken; schon jede Einzelwirkung erlaubt den Rückschluß auf die Ursache mit gewisser Wahrscheinlichkeit, und eine hinzukommende Wirkung bedeutet nur eine Bestätigung, nicht eine notwendige Bedingung für den Rückschluß.

---

[1]) Wenn die a_i nicht gleich groß sind, muß (34) nicht erfüllt sein. Aber dann würde auch $p_i'\, q_i'$ nicht die Bedeutung der Vorwahrscheinlichkeit bei der Spitzgabel haben, weil dann noch die apriorische Wahrscheinlichkeit von A_i hinzutritt; p_i' und q_i' sind dann keine unabhängigen Wahrscheinlichkeiten. — Man beachte ferner: wir vergleichen hier nicht die Rückwahrscheinlichkeit mit der Vorwahrscheinlichkeit desselben Falles, also nicht r_i' mit r_i, sondern mit der Vorwahrscheinlichkeit eines entsprechenden Falles, in dem die p_i' und q_i' Vorwahrscheinlichkeiten (und zwar Wahrscheinlichkeiten der Teilwirkung im Sinne unserer auf (25) folgenden Bemerkung) bedeuten; also wir vergleichen r_i' mit $p_i'\, q_i'$.

Freilich kann diese Bestätigung auch negativen Charakter haben, wenn die zweite Wirkung die vermutete Ursache gerade „unwahrscheinlich macht". Um dies zu untersuchen, vergleichen wir r_i' mit der Einzelwahrscheinlichkeit p_i'. Es wird

$$r_i' = p_i' \cdot f \qquad f = \frac{q_i'}{\sum\limits_1^m p_k' q_k'} = \frac{q_i \sum\limits_1^m p_k}{\sum\limits_1^m p_k q_k} \qquad (35)$$

Je nachdem $f \gtreqless 1$, wird $r_i' \gtreqless p_i'$. Also wird

$$r_i' \lesseqgtr p_i' \quad \text{wenn} \quad q_i \sum\limits_1^m p_k \lesseqgtr \sum\limits_1^m p_k q_k$$

$$r_i' \lesseqgtr q_i' \quad \text{wenn} \quad p_i \sum\limits_1^m q_k \lesseqgtr \sum\limits_1^m p_k q_k \qquad (36)$$

Sind etwa alle q_k gleich groß, so wird $r_i' = p_i'$, d. h. das Hinzutreten des Ereignisses B_2 bedeutet dann weder eine Vermehrung noch eine Verminderung der Wahrscheinlichkeit, die sich aus B_1 allein für A_i berechnen läßt. Dann sind eben für B_2 alle Ursachen A_i gleichwahrscheinlich. Ist q_i das größte unter allen q_k, so wird $r_i' > p_i'$; ist q_i das kleinste, so wird $r_i' < p_i'$. Je nachdem also B_2 die Ursache A_i „wahrscheinlich macht" oder „unwahrscheinlich macht", tritt eine Vermehrung oder Verminderung der Wahrscheinlichkeit ein. Die Bedingung (36) besagt, daß dieses „wahrscheinlich machen" dann vorliegt, wenn q_i einen mit Hilfe der p_k gebildeten Mittelwert aus den q_k überschreitet.

In den Formeln (32) und (33) ist noch zu beachten, daß sich die zusammengesetzte Rückwahrscheinlichkeit r_i' aus den Rückwahrscheinlichkeiten p_i' und q_i' der Einzelereignisse und den Verteilungswahrscheinlichkeiten α_i ausdrücken läßt, ohne daß die Vorwahrscheinlichkeiten p_i und q_i eingehen. Dies ist eine Besonderheit, die nicht für alle Fälle gilt; sie beruht hier auf der Annahme K. Wir wollen jetzt noch einen andern Fall betrachten, in dem diese Besonderheit ebenfalls gilt, der aber auf einer andern Annahme beruht.

Wir wollen jetzt nicht mehr annehmen, daß die Ereignisse B_1 und B_2 aus einer einzigen Ursache A_0 erklärt werden müssen, sondern für jedes von beiden getrennte Ursachen A_1^i und A_2^k zulassen (Fig. 14). Wir suchen aber gerade die Wahrscheinlich-

Fig. 14

B_1 B_2

p_3 p_2 p_1 q_1 q_2 q_3

A_1^2 A_1^1 A_0 A_2^1 A_2^2

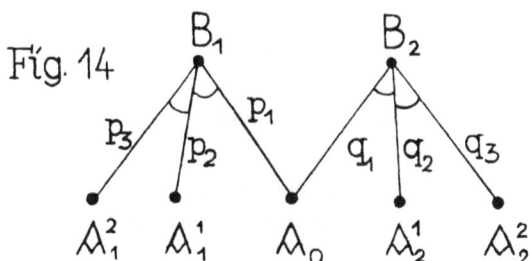

Sattelgabel mit eingezeichneten andern möglichen Ursachen, die getrennt sind.

keit, daß die gemeinsame Ursache A_0 vorliegt. Um das Problem zu vereinfachen, wollen wir aber noch eine Annahme hinzufügen:

Annahme L. Wenn A_0 vorliegt, so sind alle $A_1^1 \ldots$ und A_1^m $A_2^1 \ldots A_2^n$ ausgeschlossen. $A_0 \supset \overline{A_1^i . A_2^k}$.

In Wirklichkeit wird ja eine derartige Annahme, wie alle vorherigen, nicht mit völliger Sicherheit gelten; d. h. die strenge Implikation in Annahme L ist nur eine Wahrscheinlichkeitsimplikation von sehr hohem Grade. Aber für praktische Fälle wird es häufig erlaubt sein, diesen hohen Grad der Wahrscheinlichkeit als Gewißheit zu betrachten. So dürfte die Annahme L für viele Fälle des Indizienbeweises zutreffen, in denen es sich darum handelt, die Indizien, die jedes für sich unabhängige Ursachen zulassen, auf eine gemeinsame Ursache zurückzuführen. Für die Rechnung wollen wir außerdem noch die Annahme machen. daß die a_i alle gleich sind; sonst wird das Resultat unübersichtlich, Es wird (Bezeichnungen wie bei der vorigen Rechnung):

$$p_0' = \frac{p_0}{\sum\limits_0^m p_k} \qquad q_0' = \frac{q_0}{\sum\limits_0^n q_k}$$

$$r_0' = \frac{p_0 q_0}{p_0 q_0 + \sum\limits_1^m \sum\limits_1^n p_i q_k} = \frac{p_0 q_0}{\sum\limits_0^m \sum\limits_0^n p_i q_k - p_0 \sum\limits_0^n q_k - q_0 \sum\limits_0^m p_k + 2 p_0 q_0}$$

$$= \frac{p_0' q_0'}{1 - p_0' - q_0' + 2 p_0' q_0'} = \frac{p_0' q_0'}{(1 - p_0')(1 - q_0') + p_0' q_0'} \qquad (37)$$

Auch hier ist also r_0' allein durch die Rückwahrscheinlichkeiten ausdrückbar, und es gehen sogar nur die Rückwahrscheinlichkeiten p_0' und q_0' ein, während die andern Rückwahrscheinlich-

keiten fortfallen. Wieder ist natürlich $r_0' < 1$. Es ist aber auch
wieder $r_0' > p_0' q_0'$, denn der Nenner in (37) ist < 1. Dies ergibt
sich, wenn man beachtet, daß $0 < p_0' < 1$ und $0 < q_0' < 1$. Setzt
man $p_0' = 1 - \delta$, $q_0' = 1 - \eta$, so wird der Nenner $= \delta \eta + p_0' q_0'$
$< (p_0' + \delta)(q_0' + \eta) = 1$. Wieder berechnet sich also die Rückwahrscheinlichkeit größer als die entsprechende Vorwahrscheinlichkeit.

Wir fragen weiter nach dem Fall, wenn $r_0' > p_0'$. Dazu muß

$$\frac{q_0'}{1 - p_0' - q_0' + 2 p_0' q_0'} > 1$$

sein. Dies führt auf

$$q_0' > \tfrac{1}{2} \qquad\qquad (38)$$

Entsprechend ist $r_0' > q_0'$, wenn $p_0' > \tfrac{1}{2}$. Wir finden also: das
zweite Ereignis B_2 verstärkt die aus B_1 berechnete Wahrscheinlichkeit für A_0, wenn es allein A_0 mit einer größeren Wahrscheinlichkeit als $\tfrac{1}{2}$ impliziert.[1]

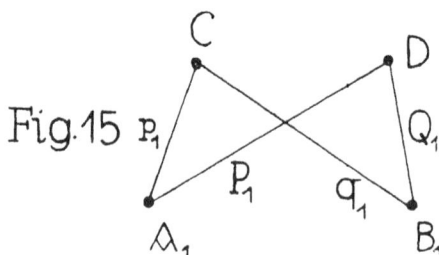

Fig. 15

Doppelgabel mit eingezeichneten Vorwahrscheinlichkeiten.

5. Die konjunktive
Doppelgabel. Wir be-
trachten endlich den Fall
einer doppelten Verkettung.
Zwei unabhängige Ursa-
chen A_1 und B_1 haben zwei
gemeinsame Wirkungen C
und D. Wir wollen diesen
Fall auf die schon behan-
delten Fälle zurückführen.

Wir können den Schluß auf zwei Wegen ausführen, die wir
schematisch so schreiben:

a) $C \rightarrow A_1 B_1 \; [r_1']$ b) $C D \rightarrow A_1 \qquad [s_1']$
$\quad\; D \rightarrow A_1 B_1 \; [R_1']$ $\quad C D \rightarrow B_1 \qquad [S_1']$
$\overline{C D \rightarrow A_1 B_1 \; [w_1']}$ $\overline{C D \rightarrow A_1 B_1 \; [w_1']}$

Auf dem Weg a) bedeuten die ersten beiden Zeilen einen
Vergangenheitsschluß in der konjunktiven Spitzgabel; dann wird
$A_1 B_1$ als ein Ereignis aufgefaßt, und in der dritten Zeile ein

---

[1] Hätten wir die a_i nicht gleich groß gesetzt, so würde hier nicht
gerade $\tfrac{1}{2}$ stehen, sondern eine Bildung aus den α_i.

Vergangenheitsschluß in der Sattelgabel ausgeführt. Auf dem Weg b) bedeuten die ersten beiden Zeilen einen Vergangenheitsschluß in der Sattelgabel, dann wird CD als ein Ereignis aufgefaßt, und in der dritten Zeile ein Vergangenheitsschluß in der Spitzgabel ausgeführt. Beide Wege müssen zum gleichen Ziele führen. Aber es werden dabei Annahmen gemacht werden müssen, wie wir sie bei den betreffenden Einzelgabeln gemacht haben, damit der Schluß erst definiert ist. Wir wollen für die Sattelgabel die Annahme K voraussetzen, für die Spitzgabel nacheinander Annahme J und H. Der übersichtlicheren Rechnung wegen wollen wir auch hier wieder die Verteilungswahrscheinlichkeiten a_i alle gleich groß setzen.

Wir wählen den Weg a). Es wird zunächst mit Ausnahme J nach (31):

$$w(C \dashrightarrow A_i B_i) = r_i' = \frac{p_i q_i}{\sum\limits_1^m p_i q_i} \qquad w(D \dashrightarrow A_i B_i) = R_i' = \frac{P_i Q_i}{\sum\limits_1^m P_i Q_i}$$

Mit Annahme K wird nun nach (33)

$$w_1' = \frac{r_1' R_1'}{\sum\limits_1^m r_i' R_i'} = \frac{p_1 q_1 P_1 Q_1}{\sum\limits_1^m p_i q_i P_i Q_i} \tag{39}$$

Dagegen wird die Vorwahrscheinlichkeit w_1 für $A_1 B_1 \dashrightarrow CD$

$$w_1 = p_1 q_1 P_1 Q_1 \tag{40}$$

Definieren wir Größen p_i', q_i', P_i', Q_i' durch

$$p_i' = \frac{p_i}{\sum\limits_1^m p_k} \qquad q_i' = \frac{q_i}{\sum\limits_1^n q_k} \qquad P_i' = \frac{P_i}{\sum\limits_1^m P_k} \qquad Q_i' = \frac{Q_i}{\sum\limits_1^n Q_k} \tag{41}$$

die wir in diesem Falle aber nicht als Rückwahrscheinlichkeiten entsprechend den ungestrichenen Größen deuten dürfen, weil diese Rückwahrscheinlichkeiten wegen Annahme J nach (31) gleich r_i' bzw. R_i' werden, so läßt sich (39) schreiben:

$$w_1' = \frac{p_1' q_1' P_1' Q_1'}{\sum\limits_1^m p_i' q_i' P_i' Q_i'} \tag{42}$$

Jetzt wollen wir denselben Weg gehen, aber nicht Annahme J, sondern Annahme H benutzen. Dann wird nach (30)

$$w\,(C \to A_i\,B_k) = r'_{ik} = \frac{p_i\,q_k}{\sum\limits_1^m \sum\limits_1^n p_i\,q_k} = p'_i\,q'_k$$

$$w\,(D \to A_i\,B_k) = R'_{ik} = \frac{P_i\,Q_k}{\sum\limits_1^m \sum\limits_1^n P_i\,Q_k} = P'_i\,Q'_k$$

(43)

wo wir nun den p'_i, q'_i, P'_i, Q'_i die Deutung als Rückwahrscheinlichkeiten entsprechend den ungestrichenen Größen beilegen dürfen, da Annahme H dies zuläßt. Weiter wird mit Annahme K nach (33):

$$w'_1 = \frac{p'_1\,q'_1\,P'_1\,Q'_1}{\sum\limits_1^m \sum\limits_1^n p'_i\,q'_k\,P'_i\,Q'_k} = \frac{p_1\,q_1\,P_1\,Q_1}{\sum\limits_1^m \sum\limits_1^n p_i\,q_k\,P_i\,Q_k}$$

(44)

Es ergibt sich also ein Resultat, das von (42) bezw. (39) durch die Doppelsumme im Nenner verschieden ist.

Wenn man den Weg b) benutzt, so läßt sich Annahme J nicht durchführen, da sich auf der ersten Stufe bereits verschiedene Ausdrücke für s' und S' ergeben, diese aber nach Annahme J gleich sein müssen. Benutzt man dagegen Annahme H, so entsteht wieder (44).

Wir können jetzt das Resultat betrachten. Die Doppelgabel ist ihrer Verkettung nach symmetrisch für Vergangenheit und Zukunft, trotzdem ergibt sich ein charakteristischer Unterschied in der Art der Wahrscheinlichkeit. Die Vorwahrscheinlichkeit berechnet sich nach (40) zu $w_1 = p_1\,q_1\,P_1\,Q_1$, für die Rückwahrscheinlichkeit aber wird dieser Ausdruck noch durch einen Summenausdruck dividiert. Und zwar gilt dies sowohl für Annahme J nach (39) als auch für Annahme H nach (44). Besonders deutlich wird diese Unsymmetrie für Annahme H, welche die Deutung der p'_i, q'_i, P'_i, Q'_i als Einzelrückwahrscheinlichkeiten zuläßt. Fassen wir nämlich die Doppelgabel in der umgekehrten Zeitrichtung auf, also C und D als frühere, A_1 und B_1 als spätere Ereignisse, die gestrichenen Einzelwahrscheinlichkeiten als Vorwahrscheinlichkeiten, die ungestrichenen als Rückwahrscheinlichkeiten, so würde sich

$$W(CD \rightarrow A_1 B_1) = w_1' = p_1' q_1' P_1' Q_1' \qquad (45)$$

$$W(A_1 B_1 \rightarrow CD) = w_1 = \frac{p_1' q_1' P_1' Q_1'}{\overset{m}{\underset{1}{\sum}} \overset{n}{\underset{1}{\sum}} p_i' q_k' P_i' Q_k'} \qquad (46)$$

ergeben.[1]) Das Maß der Wahrscheinlichkeitsimplikation zwischen den Ereignissen $A_1 B_1$ einerseits und CD andererseits wäre also ein anderes, obgleich die Wahrscheinlichkeiten zwischen den einzelnen Ereignissen ihren Zahlwert behalten hätten. Denken wir uns, es sei nicht bekannt, in welcher Zeitrichtung die Doppelgabel aufzufassen wäre, dagegen seien die Einzelwahrscheinlichkeiten in beiden Richtungen, also $p_1 q_1 P_1 Q_1$ und p_1', q_1', P_1', Q_1', und außerdem die Gesamtwahrscheinlichkeiten w_1 und w_1' bekannt, so läßt sich die Zeitrichtung der Gabel bestimmen, indem man nachsieht, ob diese Größen die Beziehungen (40) und (44) oder (45) und (46) erfüllen. Für die vollständige Prüfung ist auch noch die Kenntnis der Wahrscheinlichkeiten mit von 1 verschiedenem Index erforderlich, die ja gerade so bestimmt werden können wie die anderen; aber auch ohne diese Größen läßt sich schon entscheiden, ob w_1 durch (40) oder w_1' durch (45) richtig wiedergegeben wird. Die Richtung der Zeit läßt sich also durch Messung von Wahrscheinlichkeitsimplikationen, d. h. grundsätzlich durch Auszählung statistischer Regelmäßigkeiten, bestimmen.

Dagegen ist nichts darüber ausgesagt, ob der Vergangenheitsschluß die größere oder kleinere Wahrscheinlichkeit liefert. Nach (44), also Annahme H, ist

$$w_1' \gtrless w_1, \quad \text{wenn} \quad \overset{m}{\underset{1}{\sum}} \overset{n}{\underset{1}{\sum}} p_i q_k P_i Q_k \lessgtr 1 \qquad (47)$$

---

[1]) Hier beziehen sich die Wahrscheinlichkeiten mit von 1 verschiedenem Index auf Implikationen zwischen A_1 und B_1 einerseits und Ereignissen C_i und D_k andrerseits, die wir vorher nicht betrachtet haben; diese Wahrscheinlichkeiten sind also mit solchen der vorangehenden Formeln nicht vergleichbar. Dagegen beziehen sich alle Wahrscheinlichkeiten mit dem Index 1 auf dieselben Implikationen wie vorher, und zwar in derselben Richtung zwischen den Ereignissen, nur daß, da wir die Ereignisse jetzt zeitlich umgekehrt annehmen, die gestrichenen Größen sich jetzt auf die Richtung „zeitlich vorwärts" beziehen.

Bei Annahme J liefert (39)

$$w_1' \gtrless w_1, \quad \text{wenn} \quad \sum_1^m p_i\, q_i\, P_i\, Q_i \lessgtr 1 \tag{48}$$

Über diese beiden Beziehungen aber ist allgemein nichts auszusagen, da die p_i, q_i, P_i, Q_i unverbundene Wahrscheinlichkeiten darstellen. Man erkennt auch hier wieder: nicht der G r a d der Bestimmbarkeit, sondern die A r t der Bestimmbarkeit unterscheidet Vergangenheit und Zukunft. Unter Umständen kann der Schluß in die Zukunft sicherer sein als der Schluß in die Vergangenheit, verglichen an derselben identischen Kausalverkettung.

Dagegen ist nach (44)

$$w_1' > p_1'\, q_1'\, P_1'\, Q_1' \tag{49}$$

denn

$$\sum_1^n \sum_1^n p_i'\, q_k'\, P_i'\, Q_k' < \sum_1^m \sum_1^n \sum_1^m \sum_1^n p_i'\, q_k'\, P_r'\, Q_s' = \sum_1^m p_i' \sum_1^n q_k' \sum_1^m P_r' \sum_1^n Q_s' = 1$$

nach (41). Darum ist das durch (44) bestimmte w_1' größer als das durch (45) bestimmte, und wir dürfen sagen: wenn man eine Kausalverkettung V_1 nach Fig. 15 mit einer andern V_2 vergleicht, die mit der ersten spiegelbildlich symmetrisch ist, gespiegelt an dem Gegenwartsquerschnitt, ergibt sich für den Vergangenheitsschluß in V_1 ein höherer Grad der Wahrscheinlichkeit als für den Zukunftsschluß in V_2. Nur in dieser Beziehung bedeutet der Unterschied in der A r t d e s S c h l u s s e s auch einen Unterschied im G r a d d e r B e s t i m m b a r k e i t.

Damit bestätigt sich auch für die Doppelgabel das Resultat, das wir schon für die Sattelgabel im Vergleich zur Spitzgabel gewonnen hatten. Für den Vergleich dieser Gabeln muß man noch einen Unterschied beachten. Der Vergangenheitsschluß der Sattelgabel ist ein Schluß von zwei Ereignissen auf eines; er muß spiegelbildlich mit dem Zukunftsschluß (25) der Spitzgabel verglichen werden und ergibt dann in (33) und (37) das Resultat, das wir in (34) formuliert haben. Hier gilt also ebenfalls die größere Sicherheit für den Vergangenheitsschluß. Der Vergangenheitsschluß der Spitzgabel ist dagegen ein Schluß von einem Ereignis auf zwei; er muß spiegelbildlich mit dem Zukunftsschluß der Sattelgabel verglichen werden. Für den letzteren wird $r_1 = p_1 \cdot q_1$; vergleicht man dies mit (31) und (30), indem man in letzteren Formeln die Bildungen aus den gestrichenen Größen der Bildung $p_1 \cdot q_1$ gegenübergestellt, so ergibt sich nur für Annahme J die größere Sicherheit des Vergangenheitsschlusses, während für Annahme H sich Gleichheit ergibt. Dieser Fall bildet also eine Ausnahme von unserer Regel.

Das Resultat des Abschnitts III dürfen wir in die Sätze zusammenfassen:

1. Die Existenz von Vor- und Rückwahrscheinlichkeit bedingt ein Verteilungsgesetz für Ereignisse in der Welt.

2. Das Maß der Rückwahrscheinlichkeit ist aus dem der Vorwahrscheinlichkeit nicht ohne zusätzliche Annahmen zu berechnen, die für die einzelnen Arten von Fällen verschieden sein können, und über deren Stattfinden empirisch entschieden werden muß.

3. Es läßt sich nicht sagen, daß die Vergangenheit in einer vorliegenden Weltstruktur stets mit größerer Wahrscheinlichkeit bestimmt werden kann als die Zukunft. Aber die topologische Besonderheit des Vergangenheitsschlusses bewirkt in den behandelten Fällen (abgesehen von einer Ausnahme), daß sich die Vergangenheit aus gegebenen Einzelrückwahrscheinlichkeiten sicherer berechnen läßt, als wenn dieselben Einzelwahrscheinlichkeiten Vorwahrscheinlichkeiten wären und zu einem spiegelbildlich symmetrischen Schluß in die Zukunft zu kombinieren wären.

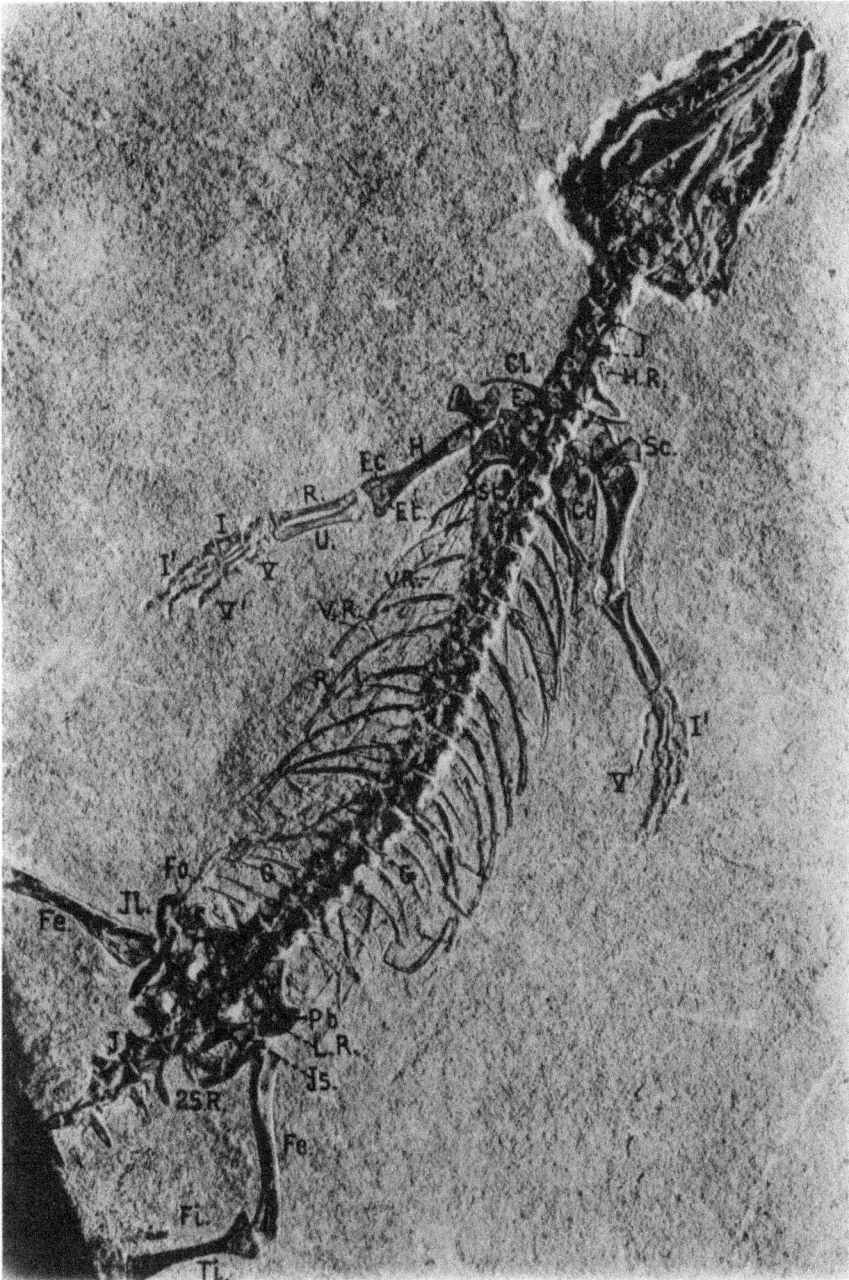

Fig. 1.

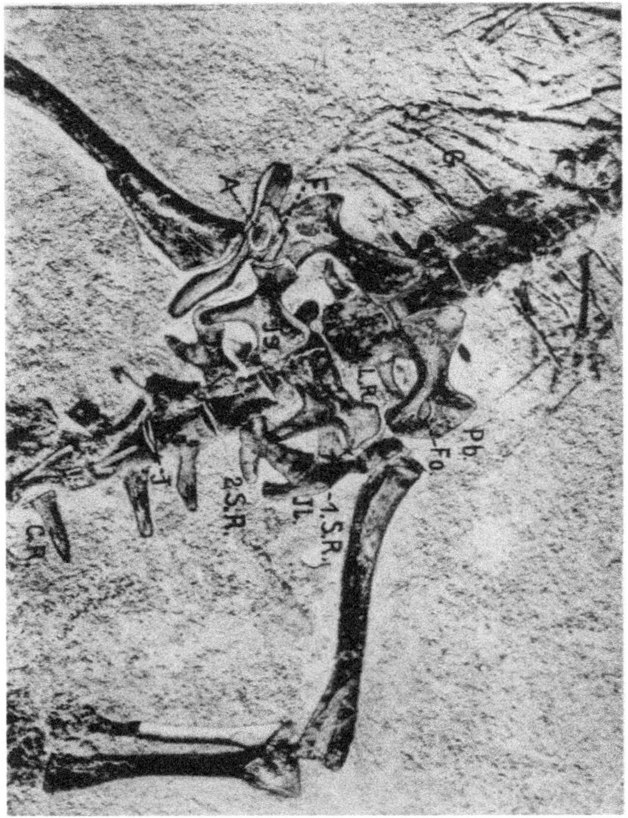

Fig. 2.

F. Broili, Homoeosaurus.

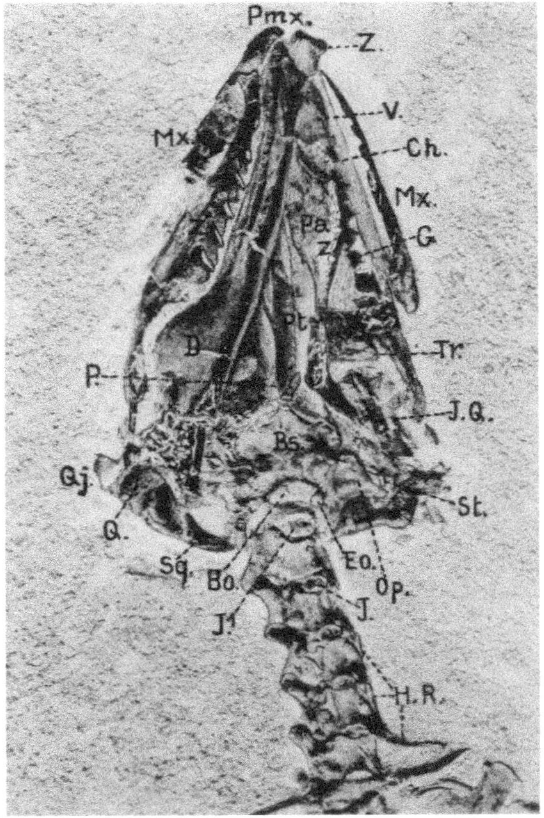

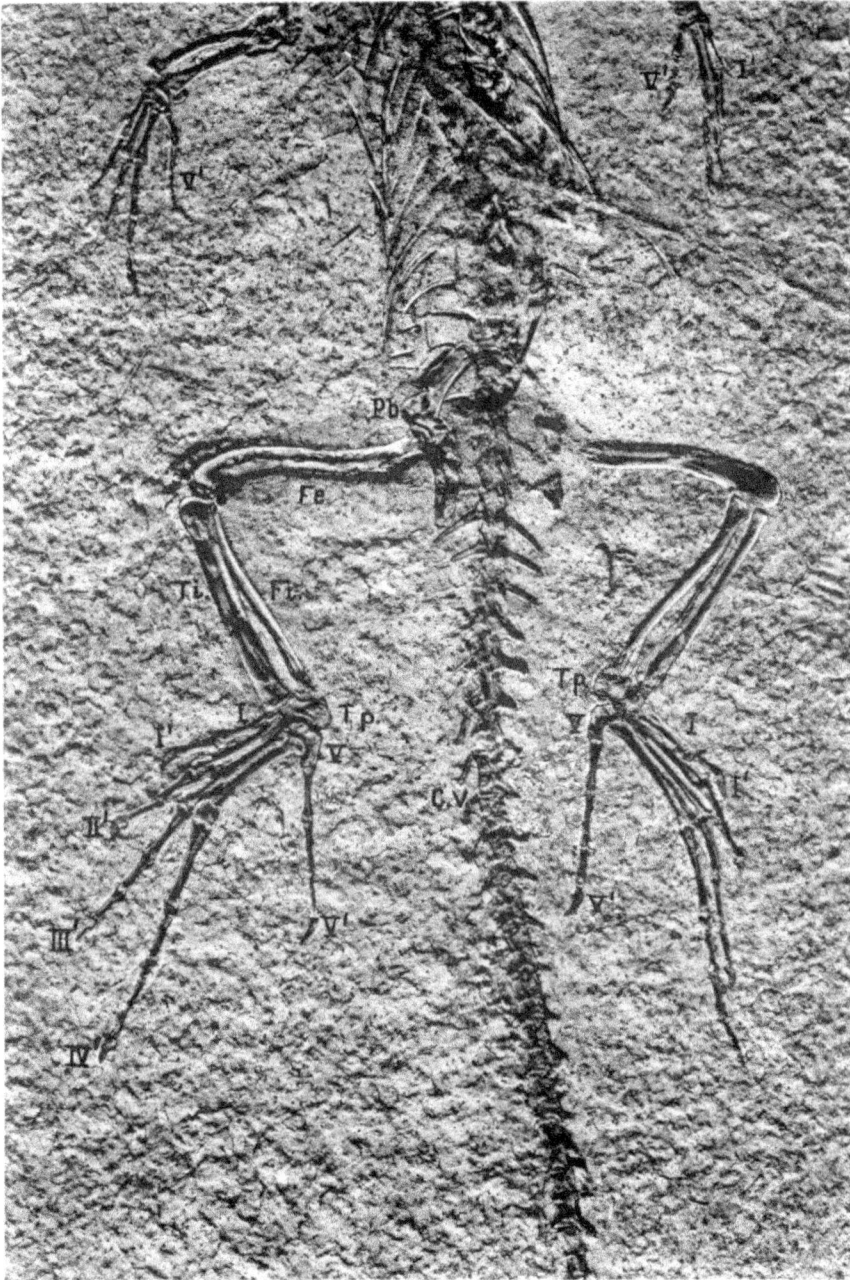

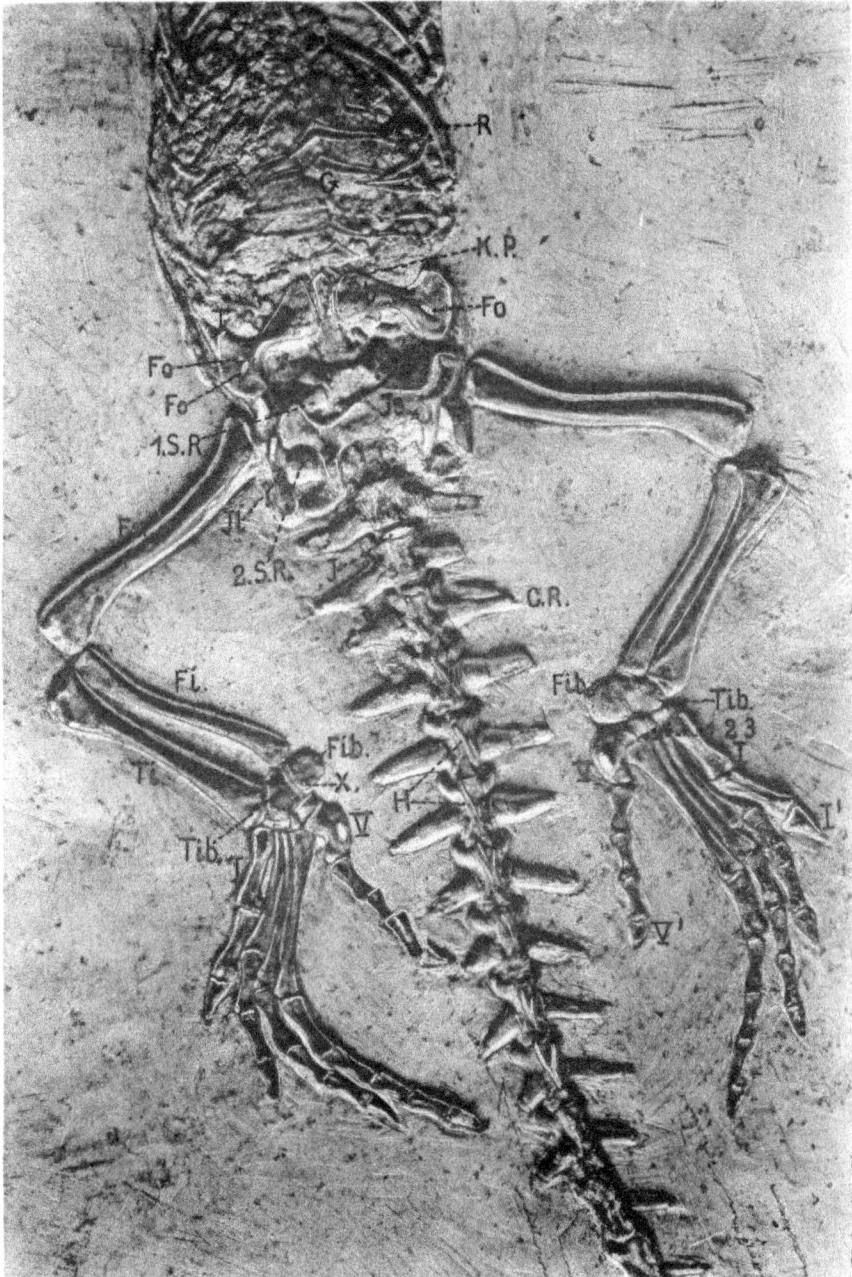

F. Broili, Homoeosaurus.

Fig. 1.

Fig. 2.

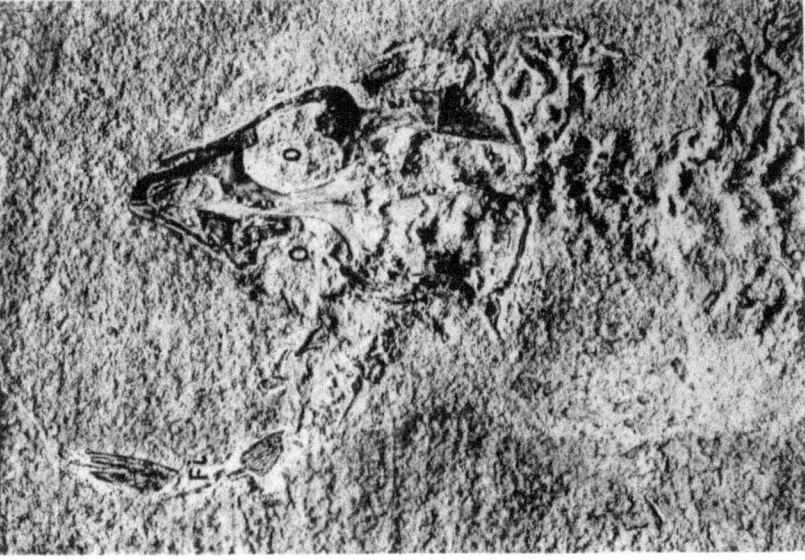

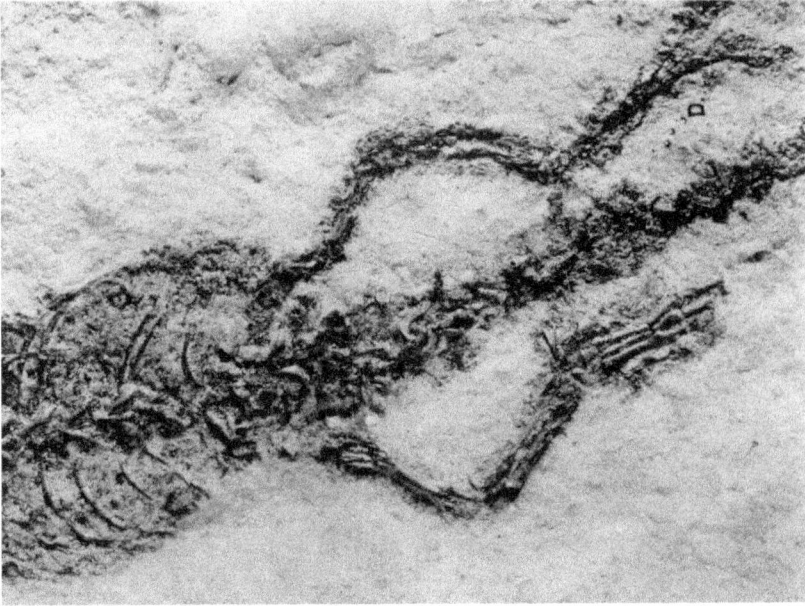

Inhalt.

Akademische Buchdruckerei F. Straub in München.

www.ingramcontent.com/pod-product-compliance
Lightning Source LLC
Chambersburg PA
CBHW031448180326
41458CB00002B/685